Über den Autor

Manfred Girth®, geboren 1967 in Magdeburg, ist seiner Heimatstadt bis heute treu geblieben – als Handwerker, Unternehmer, Sachverständiger und engagierter Aufklärer.

Seit über 40 Jahren ist er auf dem Bau tätig – mit Herz, Hand und Sachverstand. Seine berufliche Laufbahn begann 1983 mit einer Ausbildung zum Dachdecker. In den frühen 1990er-Jahren bildete er sich berufsbegleitend zum Dachdeckermeister weiter und übernahm leitende Funktionen in Bauunternehmen seiner Region.

Ab 2006 führte er einen eigenen Dachdecker- und Ausbaubetrieb mit Fokus auf Altbauinstandsetzung und energetische Sanierung. In dieser Zeit sammelte er fundierte Einblicke in das Feuchteverhalten von Gebäuden – ein Thema, das ihn seither nicht mehr loslässt.

Seit 2016 ist Manfred Girth als freiberuflicher Bausachverständiger, mit Spezialisierung auf Schimmelpilz und Bauphysik, tätig. Darüber hinaus absolvierte er eine Ausbildung zum Thermograf nach ISO 18436, Level 1.

Seine besondere Stärke liegt in der Verbindung von handwerklicher Erfahrung mit bauphysikalischer Analyse.

Er weiß, wie sich Wärme in Gebäuden wirklich verteilt – und warum Konventionen oft in die Irre führen.

Er berät Bauherren, Eigentümer, Planer und Sanierungswillige auf dem Weg zu einem schimmelfreien, gesunden und bezahlbaren Zuhause. Ob durch Gutachten, Baubegleitung oder als Vertriebspartner für Infrarotheizungen und funktionale Beschichtungssysteme – sein Ziel ist klar:

Bauphysik verständlich machen und Lösungen umsetzen, die wirklich funktionieren.

Dieses Buch ist das Ergebnis seiner jahrzehntelangen Arbeit mit Gebäuden, Menschen und Mikroben – geschrieben für alle, die nicht länger in feuchten Räumen leben wollen, sondern in gesunden.

Inhalt

Vorwort

Schimmel in Wohnräumen ist kein Einzelfall – er ist ein Massenphänomen. Kaum ein anderes bauliches Problem betrifft so viele Menschen, verursacht so hohe Folgekosten und bleibt dennoch so häufig falsch verstanden. Jahr für Jahr werden Wohnungen saniert, Wände gereinigt, Gutachten geschrieben – und doch kommt der Schimmel wieder.

Warum?

Weil meist an den Symptomen gearbeitet wird, nicht an den Ursachen.

Dieses Buch will das ändern. Es ist kein Ratgeber im klassischen Sinne, kein Reparaturhandbuch und keine technische Bauanleitung.

Es ist ein populärwissenschaftlicher Wegweiser – für Menschen, die ihr Zuhause verstehen wollen.

Für Mieter, Eigentümer, Bauherren, Planer – für alle, die wissen möchten, warum in der einen Wohnung Schimmel entsteht und in der anderen nicht. Und was man dagegen tun kann – dauerhaft, gesund und nachvollziehbar.

Im Zentrum steht eine Erkenntnis, die alt ist und doch heute aktueller denn je:

Nicht Luft heizt Räume – sondern Oberflächen.

Und nicht Dämmung verhindert Schimmel – sondern warme, trockene Wände. Die Infrarotheizung ist dabei keine Modeerscheinung, sondern eine moderne Rückbesinnung auf ein bewährtes physikalisches Prinzip: Strahlungswärme. Sie wirkt dort, wo Schimmel entsteht – an der Wand, nicht in der Luft. Und genau deshalb steht sie im Mittelpunkt dieses Buches.

Aber auch sie allein ist nicht die Lösung. Entscheidend ist das Zusammenspiel: Materialien, Oberflächen, Feuchteverhalten, Nutzung, Baukultur.
Wer gesund wohnen will, muss verstehen, wie Räume wirklich funktionieren – nicht nur energetisch, sondern auch bauphysikalisch und menschlich.

Dieses Buch ist entstanden aus der Praxis, aus jahrzehntelanger Erfahrung mit Bau, Sanierung und Beratung. Es versammelt Wissen, das oft fehlt – in der Planung, in der Ausbildung, in der Diskussion. Und es verbindet es mit konkreten Beispielen, verständlichen Erklärungen und einem Ziel:

Wohngesundheit als Normalfall – nicht als Ausnahme.

Ich lade Sie ein, mitzudenken, nachzufragen, umzudenken. Denn ein gesundes Zuhause beginnt nicht beim Heizkörper – sondern beim Verständnis.

Manfred Girth

Magdeburg im Mai 2025

Kapitel 1: - Wenn die Wand schwarz wird

Schimmel als modernes Wohnphänomen

Es beginnt oft harmlos. Ein paar dunkle Schatten über der Fußleiste. Ein kleiner, unscheinbarer Fleck im Bad. Vielleicht ein muffiger Geruch, den man nicht recht zuordnen kann. Viele nehmen es zunächst nicht ernst, manche ignorieren es über Jahre. Bis irgendwann klar wird:

Das ist nicht nur Schmutz – das ist Schimmel.

Was früher vor allem in feuchten Kellern oder Altbauten mit offensichtlichen Bauschäden vorkam, ist heute wieder alltäglich geworden – und dass, obwohl wir moderner bauen denn je. Unsere Fenster sind dicht, unsere Fassaden gut gedämmt, unsere Heiztechnik hocheffizient. Und doch wächst der Schimmel.

Nicht trotz der Technik – sondern gerade wegen ihr.

Wie kann das sein?

Um diese Frage zu beantworten, müssen wir zunächst begreifen, was sich in den letzten Jahrzehnten verändert hat:

wie wir bauen, wie wir wohnen – und wie wir heizen.

Denn Schimmel ist kein isoliertes Problem. Er ist ein Symptom – ein Warnsignal dafür, dass etwas im Raumklima aus dem Gleichgewicht geraten ist.

Die Rückkehr des Schimmels

Statistiken zeigen:

In Deutschland ist jede zehnte Wohnung von Schimmel betroffen. In Ballungsräumen, bei Altbauten oder energetisch nachgerüsteten Gebäuden liegt der Anteil teils deutlich höher. Die Ursachen sind vielfältig – aber sie laufen häufig auf denselben Punkt hinaus:

Feuchtigkeit trifft auf kalte Oberflächen.

Was früher über zugige Fenster und Ritzen einfach „weggelüftet" wurde, bleibt heute in der Raumluft. Das ist das Paradoxe: Die Dichtheit moderner Gebäude schützt uns vor Energieverlust – aber auch vor Frischluft. Feuchtigkeit, die durch Atmen, Duschen, Kochen oder Wäschetrocknen entsteht, sammelt sich im Raum. Und wenn sie dann auf eine kühle Wand trifft, kondensiert sie dort. Nicht sichtbar wie ein Tropfen, sondern oft als unsichtbarer Feuchtefilm – ideal für Schimmelsporen.

Man könnte sagen:

Die energetische Sanierung bringt das Haus zum Schwitzen.

Warum lüften allein nicht reicht:

Viele glauben: Lüften sei die Lösung. Fenster auf – Problem gelöst. Doch ganz so einfach ist es nicht. Denn um Schimmel zu verhindern, braucht es nicht nur Luftaustausch, sondern warme, trockene Wandoberflächen.

Und genau hier liegt der Haken:

Unsere Heizungen erwärmen primär die Luft, nicht die Wand.

Die klassische Konvektionsheizung – also Heizkörper, Fußbodenheizung oder zentrale Lüftung mit Wärmerückgewinnung – arbeitet meist so, dass die Raumluft erwärmt und bewegt wird. Die Wände bleiben dabei oft vergleichsweise kalt – besonders in Ecken, an Außenwänden oder hinter Möbeln.

Das Resultat:

Feuchte Luft, die an diesen kalten Stellen kondensiert.

Diese Art des Heizens erzeugt eine trügerische Wärme!

Die Luft ist warm, aber die Bauteile bleiben kalt. Und der Mensch fühlt sich nur dann wirklich wohl, wenn auch die Umgebung gleichmäßig temperiert ist – genau das aber passiert bei Luftheizungen nicht.

Wärme ist nicht gleich Wärme!

Hier beginnt der erste zentrale Gedanke dieses Buchs:

Wärme ist mehr als ein Thermostatwert !!!

Es ist ein Unterschied, ob 21 °C Lufttemperatur durch warme Luft oder durch warme Wände entsteht. Der Körper nimmt Strahlungswärme anders wahr als Lufttemperatur. Und während die Lufttemperatur schnell ansteigen kann, brauchen kalte Wände viel länger, um sich aufzuwärmen – falls sie es überhaupt tun. In vielen Fällen bleibt eine Ecke auch bei „normaler Raumtemperatur" unter 15 °C – perfekt für Kondensation.

Diese kalten Flächen kann man nicht einfach „weglüften".

Sie sind ein systemisches Problem – entstanden durch eine Kombination aus:

- zu dichter Bauweise ohne Feuchtepuffer,

- falscher oder unzureichender Beheizung,

- mangelndem Verständnis für bauphysikalische Zusammenhänge.

Die Folge ist ein Raum, der „offiziell (gemessen) warm" ist, aber in Wahrheit kühle, feuchte Wände hat.

Der Mensch heizt mit dem Bauchgefühl, was das Problem verschärft:

Die meisten Menschen stellen ihre Heizung nach Gefühl ein. Wenn es sich warm anfühlt, passt es. Doch dabei orientieren wir uns hauptsächlich an der Lufttemperatur – und nicht an der sogenannten „operativen Temperatur", die auch die Oberflächentemperatur der Wände mit einbezieht. Ist die Wand kalt, fühlt sich ein Raum trotz 21 °C oft „unbehaglich" an.

Das führt zu einem paradoxen Verhalten: Menschen heizen mehr – aber falsch. Sie erhöhen die Lufttemperatur, um sich wohlzufühlen, ohne die Ursache zu hinterfragen: die kalte Wand.

Und so steigt zwar der Energieverbrauch, aber das Schimmelrisiko bleibt bestehen – oder wird sogar größer, weil die warme Luft noch mehr Feuchtigkeit aufnehmen kann.

Der große Irrtum der energetischen Sanierung

In der energetischen Bauberatung wird oft suggeriert: „Wenn wir nur genug dämmen, wird das Haus warm, trocken und energieeffizient." Doch das ist nur ein Teil der Wahrheit – und manchmal sogar der gefährlichere Teil. Denn Wärmedämmung ohne Feuchtemanagement kann zu massiven Problemen führen.

Vor allem bei älteren Gebäuden mit diffusionsoffenen Wänden, ohne funktionierende Hinterlüftung oder kapillaren Feuchtetransport, kann die Kombination aus Innendämmung und Konvektionsheizung dazu führen, dass sich Feuchte innerhalb der Wand aufstaut. Die Folge: versteckter Schimmel, Putzablösungen, Bauschäden.

Das Problem ist nicht die Dämmung an sich – sondern die fehlende ganzheitliche Betrachtung. Denn ein Haus ist kein Labor, sondern ein lebendiges System aus Luft, Feuchtigkeit, Baustoffen und Temperaturverläufen.

Was dieses Buch will

Dieses Buch will nicht nur aufklären – es will ein Umdenken anstoßen. Nicht gegen Technik, nicht gegen Fortschritt – sondern für ein besseres Verständnis davon, wie Wärme, Feuchtigkeit und Raumklima zusammenhängen. Und warum die Art des Heizens eine zentrale Rolle für die Wohnqualität spielt.

Im nächsten Kapitel gehen wir der Sache auf den Grund: Was ist Schimmel eigentlich, wie entsteht er – und warum fühlt er sich in modernen Wohnungen so wohl?

Denn Schimmel ist nicht nur ein Zeichen von Schmutz oder Vernachlässigung – sondern oft ein Folgeproblem falscher Systeme.

Und das bedeutet: Wir können ihn vermeiden. Wenn wir verstehen, wie.

Kapitel 2 – Schimmel verstehen

Was da wirklich wächst – Biologie, Feuchtigkeit und Bauschäden

Wenn man den Begriff „Schimmel" hört, denkt man meist an etwas Unappetitliches. Verdorbene Lebensmittel. Ein unsauberes Bad. Oder alte Keller mit Modergeruch. Doch Schimmel ist mehr als ein ästhetisches oder hygienisches Problem – er ist ein biologisches Phänomen. Und wie alle biologischen Phänomene folgt er klaren Gesetzmäßigkeiten.

Wer verstehen will, warum Schimmel in Innenräumen entsteht – und wie man ihn dauerhaft vermeiden kann – muss sich zuerst mit seiner Lebensweise, seinen Bedingungen und seinen Vorlieben beschäftigen. Denn Schimmel wächst nicht zufällig. Er erscheint dort, wo wir ihm die passenden Bedingungen bieten. Und das passiert leider in modernen Wohnräumen häufiger, als man denkt.

Was ist Schimmel überhaupt?

„Schimmel" ist kein einzelner Organismus, sondern ein Sammelbegriff für eine Vielzahl von Schimmelpilzarten, die zu den sogenannten „Mikromyceten" gehören.

Sie sind in der Natur weit verbreitet und haben eine wichtige Aufgabe: Sie bauen organisches Material ab – also alles, was biologisch verwertbar ist.

In der freien Natur ist das hilfreich. Dort zersetzen sie Holz, Laub, abgestorbene Pflanzen oder tote Tiere und führen Nährstoffe in den Kreislauf zurück. In Innenräumen aber ist diese Abbauleistung unerwünscht. Denn hier greifen sie Tapeten, Farben, Putz, Holz, Dämmstoffe oder auch Textilien an – kurzum: alles, was ihnen als Nährstoffquelle dient.

Schimmel ist also kein Feind im biologischen Sinn – aber ein Indikator für ein Ungleichgewicht im Wohnraum.

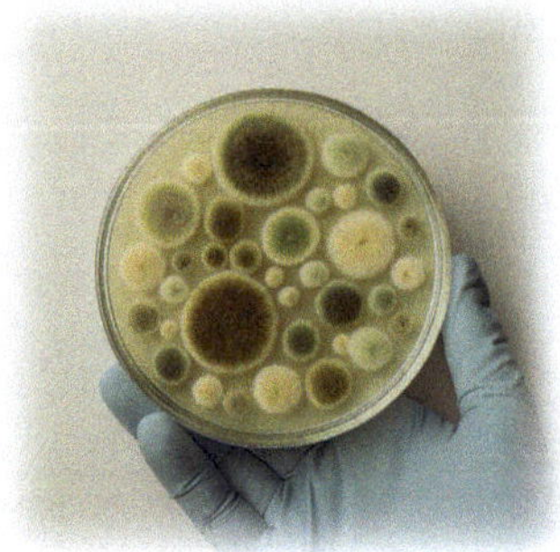

Was braucht Schimmel zum Leben?

Der Schimmelpilz ist genügsam – und gerade das macht ihn so gefährlich.

Er braucht nur vier Dinge, um zu wachsen:

1. Feuchtigkeit (Masterkriterium)

2. Nährstoffe (wichtig, aber faktisch immer vorhanden)

3. Temperatur (Kuschelig warm ist schön, aber nicht zwingend notwendig)

4. Sauerstoff (es reicht ein geringer Anteil)

Licht braucht er nicht – im Gegenteil: Viele Arten gedeihen besonders gut im Dunkeln. Auch extreme Sauberkeit schützt nicht automatisch: Selbst auf Kunststoff, Glas oder Beton kann sich Schimmel ansiedeln, wenn Feuchtigkeit da ist – denn Mikrostaub, Hautschuppen oder organische Partikel reichen als Nahrung vollkommen aus.

Von all diesen Faktoren ist Feuchtigkeit der entscheidende. Ist sie nicht vorhanden, kann Schimmel nicht wachsen – egal wie warm oder nährstoffreich die Umgebung ist. Umgekehrt gilt: Ist Feuchtigkeit dauerhaft vorhanden, entsteht fast zwangsläufig ein Schimmelproblem.

Unsichtbar – und doch überall

Schimmelsporen sind allgegenwärtig. Sie schweben in der Luft, setzen sich auf Oberflächen ab, sind in Möbeln, Pflanzen, Kleidung und sogar in der Außenluft enthalten. Das ist völlig normal und zunächst auch unproblematisch – solange sie nicht keimen.

Was sie zum Keimen bringt, ist fast immer:

Feuchtigkeit auf kalten Flächen.

Die Spore setzt sich ab, die Oberfläche ist feucht genug, die Temperatur stimmt – und der Pilz beginnt zu wachsen. Erst mikroskopisch klein, dann mit bloßem Auge sichtbar: als grau-schwarzer Flaum, dunkle Flecken oder grünlich gefärbte Stellen.

Die Rolle der Temperatur: Der Taupunkt als Schlüsselfaktor

Ein oft missverstandener Begriff in diesem Zusammenhang ist der Taupunkt. Er beschreibt die Temperatur, bei der Luft mit einem bestimmten Feuchtigkeitsgehalt anfängt, Wasser abzugeben – also zu kondensieren. Trifft warme, feuchte Luft auf eine kalte Oberfläche, kühlt sich die Luftschicht unmittelbar darüber ab – und der Wasserdampf wird zu Flüssigkeit.

Diese Feuchtigkeit schlägt sich an Fensterrahmen, Außenwänden, Raumecken oder hinter Möbeln nieder.

Genau dort, wo die Luft kaum zirkuliert und die Wandtemperatur besonders niedrig ist. Und dort beginnt der Schimmel zu wachsen.

Der Taupunkt ist also nicht einfach eine abstrakte Zahl – er ist die physikalische Schwelle, an der aus potenziellem ein reales Schimmelproblem wird.

Moderne Wohnungen – Schimmelfalle durch Bauphysik?

Viele energetisch sanierte oder neu gebaute Wohnungen bieten dem Schimmel bessere Wachstumsbedingungen als Altbauten. Wie kann das sein?

Die Antwort liegt in der Bauweise. Früher war ein Haus „undicht": Luftaustausch fand durch Fugen, Ritzen und nicht isolierte Bauteile statt. Das war energetisch ineffizient – aber aus feuchtetechnischer Sicht durchaus hilfreich: Feuchte wurde abgeführt.

Heute dagegen bauen wir luftdicht. Fenster und Türen schließen hermetisch. Die Wände sind von außen gedämmt. Das hält Wärme im Haus – aber auch Feuchte im Raum. Wenn dann noch klassische Konvektionsheizungen verbaut sind, die nur die Luft und nicht die Wandflächen erwärmen, entstehen genau die Bedingungen, die Schimmel liebt:

Warme, feuchte Luft trifft auf kalte Wandflächen.

Die unsichtbare Gefahr – gesundheitliche Auswirkungen

Schimmel ist nicht nur ein Baumangel – er ist auch ein Gesundheitsrisiko. Je nach Art und Menge der Schimmelpilze können verschiedene Symptome auftreten:

- Reizungen der Atemwege
- chronischer Husten
- Allergien
- Asthmaanfälle
- Konzentrationsschwäche
- Hautreaktionen

Vor allem kleine Kinder, ältere Menschen und immungeschwächte Personen reagieren empfindlich. Auch die psychische Belastung ist nicht zu unterschätzen: Viele Betroffene empfinden Ekel, Scham oder Angst, was wiederum das Wohn- und Lebensgefühl beeinträchtigt.

Hinzu kommt: Nicht alle Schimmelarten sind sichtbar oder riechbar. In vielen Fällen wächst der Pilz im Verborgenen – in Hohlräumen, hinter Möbeln, unter Bodenbelägen. Das macht ihn umso tückischer.

Was Schimmel uns sagen will:

Man kann es auch so sehen: Schimmel ist ein Signalgeber. Er zeigt uns, dass mit dem Raumklima etwas nicht stimmt. Dass Wärme falsch verteilt, Feuchte schlecht abgeführt oder Bauphysik ignoriert wurde.

Das Problem ist also nicht der Schimmel selbst – sondern die Voraussetzungen, die wir ihm bieten. In dem Moment, in dem wir das erkennen, ändert sich unsere Sichtweise: Von der oberflächlichen Bekämpfung hin zur ganzheitlichen Vermeidung.

Und genau darum geht es im nächsten Kapitel:

Wie entsteht eigentlich dieses Ungleichgewicht? Wie wirken Bauweise, Heizung, Lüftung und Nutzung zusammen – und was läuft da oft schief?

Denn wer Schimmel vermeiden will, muss verstehen, wo die Feuchte herkommt, wo sie bleibt – und warum sie nicht einfach verschwindet.

Kapitel 3 – Die versteckten Ursachen

Feuchte, kalte Oberflächen und unser Wohnverhalten

Man sieht ihn nicht kommen. Er kriecht nicht durch die Wand wie ein Einbrecher. Und doch ist er plötzlich da: der Schimmel. Meist ohne Vorwarnung. Doch wer hinsieht, wer nachdenkt und versteht, merkt:

Der Schimmel hat sich längst angekündigt.

Nicht durch lautes Klopfen, sondern durch kleine Hinweise. Kondenswasser am Fenster. Eine dauerhaft kühle Ecke hinter dem Schrank. Das beschlagene Spiegelglas im Bad, das sich trotz offenem Fenster nie richtig trocken anfühlt. All das sind Signale – Hinweise darauf, dass sich in einem Raum ein feuchtes Gleichgewicht gebildet hat, das auf Dauer nicht stabil bleibt.

In diesem Kapitel schauen wir genau hin: Was läuft schief im Raumklima, wenn Schimmel wächst? Warum ist Feuchtigkeit plötzlich ein Problem – obwohl wir keine Überschwemmung hatten, kein Leck, kein Rohrbruch? Woher kommt die Feuchte – und warum verlässt sie den Raum nicht wieder?

Die Antworten liegen in der Gebäudephysik, im Heizverhalten – und in unserem modernen Lebensstil.

Der erste Irrtum: „Hier ist doch alles trocken.“

Viele Menschen denken: „Bei uns ist es trocken, wir haben kein Problem." Aber was bedeutet „trocken" wirklich?

Ein Raum mit 21 °C und 60 % relativer Luftfeuchte enthält etwa 10 g Wasser pro Kubikmeter Luft.

In einem durchschnittlichen Raum von 25 m² und 2,50 m Höhe sind das rund 625 g Wasser in der Luft – mehr als ein halber Liter, ständig in der Schwebe. Diese Feuchte ist unsichtbar, aber allgegenwärtig.

Jetzt stellen wir uns vor, dass in diesem Raum geschlafen wird – zwei Personen, die über Nacht durch Atem, Schweiß und Hautfeuchte rund 1,5 bis 2 Liter Wasser abgeben. Das entspricht vier Gläsern Wasser – pro Nacht, pro Schlafzimmer. Wenn das Fenster geschlossen bleibt, muss diese Feuchte irgendwo hin.
Und sie geht dorthin, wo es am kühlsten ist:

an Wände, Ecken, Fensterlaibungen – oder hinter Möbeln, wo die Luft nicht zirkuliert.

So entsteht Schimmel – nicht durch Überschwemmung, sondern durch ganz normalen Alltag.

Der zweite Irrtum: „Die Luft ist doch warm."

Das ist richtig – die Luft ist warm. Aber die Luft ist nicht das Problem. Die Wand ist es.

Unsere Körper, unsere Möbel, unsere Baustoffe – sie alle tauschen nicht mit der Luft, sondern mit den Oberflächen Wärme aus. Der Mensch fühlt sich dann wohl, wenn die operative Temperatur – das ist der Durchschnitt aus Luft- und Strahlungstemperatur – zwischen 19 und 22 °C liegt. Und die Luft kann noch so warm sein – wenn die Wand kalt ist, empfinden wir den Raum als ungemütlich.

Aber nicht nur das. Eine kalte Wand bedeutet auch, dass die ankommende Luftfeuchte kondensieren kann. Und das bedeutet: Nasse Stelle – Gefahr für Schimmel. Die entscheidende Größe ist hier nicht die Raumtemperatur, sondern die Temperatur der Bauteiloberfläche.

Wenn diese dauerhaft unter 16 °C liegt – und gleichzeitig die Luftfeuchtigkeit bei 60 % oder mehr – dann kann es zu Kondensation kommen. Das passiert regelmäßig:

- In Raumecken, wo zwei Außenwände zusammentreffen. (geometrische Wärmebrücke)

- Hinter Schränken, die direkt an Außenwände gestellt werden.

- Unter Fensterbänken, besonders bei schlecht gedämmten Laibungen.

- An Deckenanschlüssen, wo Luft nicht zirkuliert.

Und das hat nichts mit falscher Nutzung zu tun –
sondern ist ein rein bauphysikalischer Effekt.

Warum wird die Wand kalt?

Diese Frage ist zentral. Und sie hat mehrere Antworten:

1. Weil von außen die Kälte kommt – besonders bei
    schlechter oder einseitiger Dämmung.

2. Weil von innen keine Wärme ankommt – weil
    Konvektionsheizungen die Luft, nicht aber die
    Wände erwärmen.

3. Weil Möbel die Luftzirkulation blockieren – und
    so die Wand nicht mit Raumwärme versorgt wird.

4. Weil innen feucht geheizt wird, aber nicht
    entfeuchtet wird.

Kalte Wände sind kein Zeichen schlechter Heizung –
sondern ein Zeichen falscher Wärmeverteilung. Eine
Luftheizung bringt Wärme nach oben. Die Wand bleibt
außen kalt – und innen auch, wenn sie nicht aktiv
erwärmt wird.

Möbel und Teppiche – heimliche Feuchtefallen

Viele Schimmelstellen entstehen nicht in der Mitte der
Wand, sondern dort, wo Möbel dicht davorstehen. Der
große Kleiderschrank im Schlafzimmer. Die
Sofarückwand. Die Kommode an der Nordwand.

Hinter all diesen Dingen kann sich die Luft nicht bewegen – es bildet sich ein Luftpolster mit wenig Zirkulation.

Diese stehende Luft kühlt sich an der Wandoberfläche ab – und damit steigt die relative Luftfeuchte in diesem Mini-Raum auf über 80 %. Das genügt: Schimmelpilze fühlen sich ab 80 % Luftfeuchtigkeit pudelwohl.

Und weil niemand regelmäßig hinter Schränke schaut, kann der Schimmel monatelang unentdeckt bleiben. Bis er irgendwann durchdringt – in die Tapete, ins Holz, in die Kleidung.

Auch Teppiche, Vorhänge oder dichte Wandverkleidungen wirken wie Schwämme. Sie halten Feuchtigkeit zurück und verhindern den Feuchteabtransport.

Schlafzimmer – das Schimmelzimmer Nr. 1

Kein Raum ist so oft betroffen wie das Schlafzimmer.
Warum?

- Weil dort nachts viel Feuchte entsteht (1–2 l durch Atem und Haut, je Person).

- Weil nachts oft nicht geheizt wird („spart ja Energie").

- Weil morgens nicht konsequent gelüftet wird.

- Weil Möbel oft an Außenwänden stehen.

Wenn morgens der Spiegel beschlägt, ist das kein „normaler Effekt" – sondern ein Hinweis auf zu hohe Luftfeuchte. Und wenn es in der Ecke über dem Fußboden leicht grau wird, ist das kein Dreck – sondern oft der Anfang von Schimmel.

Der dritte Irrtum: „Wir lüften doch regelmäßig."

Lüften ist wichtig – keine Frage. Aber die meisten Menschen lüften falsch. Zu kurz. Zu wenig. Zu lange. Oder zu den falschen Zeiten.

Dauerhaft gekippte Fenster bringen kaum Luftaustausch – aber sorgen für kalte Fensterlaibungen, die besonders schimmelanfällig sind. Stoßlüften ist besser – aber nur, wenn es mit Temperaturunterschieden arbeitet.

Der beste Luftaustausch entsteht, wenn:

- die Fenster gegenüberliegen (Querlüftung),

- der Temperaturunterschied zwischen innen und außen groß ist,

- kurz, aber intensiv gelüftet wird (5–10 Minuten),

- mehrmals täglich, nicht nur morgens.

Doch wer macht das wirklich – im Alltag, im Winter, bei Abwesenheit?

In Mietwohnungen ist die Problematik noch größer: Mieter und Vermieter schieben sich oft gegenseitig die Verantwortung zu. Dabei fehlt häufig die bauliche Grundlage für trockenes Wohnen – oder das Wissen, wie man es richtig macht.

Das Feuchteverhalten moderner Bauwerke

Neue Gebäude sind dichter, besser gedämmt, technisch aufgerüstet. Doch viele haben ein neues Problem: Sie können keine Feuchtigkeit mehr puffern.

Früher konnten Massivwände aus Ziegel oder Naturstein Feuchte aufnehmen und wieder abgeben – durch ihre Kapillarstruktur. Heute jedoch sind viele Innenwände mit Gipskarton, Farben, Tapeten und Dampfsperren versiegelt. Die Feuchte kann nur noch über die Luft entweichen – und das funktioniert nur bei guter Lüftung.

Fehlende Kapillarität, zu dichte Bauweise und falsche Heizsysteme sorgen dafür, dass Feuchte eingeschlossen wird. Sie zirkuliert im Raum – und schlägt sich dort nieder, wo die Temperatur nicht stimmt.

Der vierte Irrtum: „Wärmedämmung verhindert Schimmel."

Dämmung hilft, Wärmeverluste zu reduzieren – ja. Aber Dämmung löst kein Feuchteproblem, wenn sie nicht richtig konzipiert ist.

Vor allem Innendämmungen sind heikel: Sie verlagern den Taupunkt oft in die Wand, was bedeutet: Feuchte kondensiert im Inneren – unsichtbar, aber gefährlich. Wenn dann noch luftdichte Folien eingebaut werden, die keine Rücktrocknung ermöglichen, kann sich Schimmel im Wandquerschnitt bilden – ohne dass man es sieht.

Eine Dämmung ist nur dann hilfreich, wenn:

- sie diffusionsoffen oder kapillaraktiv ist,

- sie in ein gesamtheitliches Heiz- und Lüftungskonzept eingebettet ist,

- und wenn sie die Wand nicht zu einem toten Bauteil ohne Feuchteausgleich macht.

Ein Raum ist kein Labor!

Wohnräume sind lebendige Systeme. Mit Menschen, Pflanzen, Tieren, Feuchtequellen, Wärmequellen. Sie funktionieren nicht nach Gleichungen – sondern nach Beobachtung und Erfahrung.

Es reicht nicht, 21 °C einzustellen und 2x täglich zu lüften. Es reicht auch nicht, eine Dämmung aufzubringen und ein Etikett „energieeffizient" auf das Gebäude zu kleben. Ein Raumklima entsteht aus dem Zusammenspiel von Bauweise, Nutzung und Technik. Und genau dort liegt der Schlüssel zur Schimmelvermeidung.

Erste Warnzeichen erkennen

Bevor Schimmel sichtbar wird, kündigt er sich an:

- Kondenswasser am Fenster – besonders morgens.

- Muffiger Geruch, vor allem nach dem Wochenende.

- Kühle Wandstellen, die sich „klamm" anfühlen.

- Graue Schatten in den Ecken oder über Fußleisten.

- Verfärbungen hinter Möbeln, Vorhängen oder Bildern.

- Vermehrte Beschwerden der Bewohner – Kopfschmerzen, Husten, Allergien.

Wer hier eingreift, kann das Schlimmste verhindern.

Was tun?

Die Lösung beginnt nicht mit teuren Geräten – sondern mit dem Verständnis für den Raum als System. Wer weiß, wo Feuchte entsteht, wo sie bleibt, und warum sie an bestimmten Stellen kondensiert, kann gezielt handeln:

- Möbel mit Abstand zur Außenwand stellen.

- Schlafzimmer im Winter leicht beheizen – auch nachts.

- Morgens und abends konsequent stoßlüften.

- Innenwände entlasten – etwa durch feuchtepuffernde Farben oder Materialien.

- Die Art der Heizung hinterfragen – ist sie wirklich geeignet?

Und genau hier setzt das nächste Kapitel an: Wie sich das Heizen in der Geschichte entwickelt hat – und warum heutige Systeme oft nicht zum Raumklima passen.

Kapitel 4 – Vom Feuerloch zur Fernwärme

Eine Kulturgeschichte des Heizens – mit Blick auf Raumklima und Bauphysik

Wärme ist so alt wie der Mensch selbst. Noch bevor es Werkzeuge gab, kannte der Mensch das Bedürfnis, sich zu wärmen. Feuer war dabei nicht nur Mittel zum Überleben, sondern Mittelpunkt des Lebens. In der Frühzeit saßen Menschen um das Lagerfeuer – in Höhlen, Erdgruben oder unter offenem Himmel.

Die Strahlung der Flammen war spürbar, direkt, lebendig. Der Rauch zog durch Ritzen, offene Dächer oder gar nicht ab. Der Luftaustausch war gewaltig. Und gerade deshalb blieb die Feuchte nie lange im Raum. Schimmel kannte man zwar nicht, aber man hatte ihn auch kaum – weil die Häuser, wenn man sie so nennen darf, atmeten.

Wärme war gleichzusetzen mit Feuer, das seine Energie in alle Richtungen abstrahlte.

Mit der Sesshaftigkeit änderte sich die Bauweise. Menschen wollten geschützte, trockenere Räume, die nicht dauernd im Rauch standen. Die Lösung war eine geniale Erfindung: der Kamin. Statt offenes Feuer mitten im Raum führte man Rauch durch gemauerte Schächte nach außen. Damit wurde das Feuer domestiziert, der Raum bewohnbarer. Man konnte Häuser in die Höhe bauen, einzelne Zimmer beheizen und das erste Mal so etwas wie Komfort empfinden. Doch mit dem Komfort kam auch ein neues Problem. Das Feuer war nicht mehr Mittelpunkt, sondern abgeschirmt. Die Strahlung, die früher den gesamten Raum durchdrang, war auf einen Punkt reduziert. Die Luft erwärmte sich vor dem Kamin, während Wände und Ecken oft kalt blieben. Es entstand ein ungleiches Temperaturfeld – ein Vorbote des modernen Heizdilemmas.

Die wahre Revolution im Heizen brachte jedoch der Kachelofen. Hier wurde nicht mehr die Luft, sondern eine Speichermasse beheizt. Lehm, Ton, Ziegel – schwere Materialien, die über Stunden Strahlungswärme abgaben. Die Energie wurde nicht auf einen Schlag freigesetzt, sondern langsam und gleichmäßig. Der ganze Raum profitierte. Nicht die Luft, sondern die Wände, Möbel und Menschen wurden durch Strahlung erwärmt. Diese Form der Wärme war tiefenwirksam, behaglich – und sie stabilisierte das Raumklima. Der Kachelofen musste nur zweimal am Tag befeuert werden. In der Zwischenzeit war es ruhig, gleichmäßig warm – und vor allem: trocken. Denn warme Wandflächen bedeuteten, dass keine Feuchtigkeit kondensierte. Und ohne Kondensat kein Schimmel.

Diese Bauweise prägte Jahrhunderte. Häuser mit dicken Wänden, kleinen Fenstern, zentralem Kachelofen. Feuchtigkeit konnte aufgenommen und wieder abgegeben werden. Der Begriff vom „atmenden Haus" hatte hier seinen Ursprung – nicht im mystischen Sinne, sondern durch die tatsächliche Fähigkeit von Baustoffen, Wasserdampf zu puffern. Es gab kaum Tapeten, keine Dispersionsfarben, keine dampfdichten Oberflächen. Die Materialien waren offen, kapillar, lebendig.

Und auch das Heizen war lebendig – langsam, gleichmäßig, feuchtefreundlich.

Mit der Industrialisierung kam der Bruch. Städte wuchsen, Wohnraum wurde verdichtet, Technik sollte das Leben erleichtern. Statt handgemauerter Öfen kamen gusseiserne Heizkörper – Massenware, schnell eingebaut, einfach zu bedienen. Und mit ihnen kam ein neues Prinzip: Konvektion. Nicht mehr Masse wurde erwärmt, sondern Luft. Der Heizkörper war schnell heiß, die Luft zirkulierte, der Raum wurde spürbar warm. Doch die Wände blieben kalt. Die Wärme war oberflächlich – und vor allem: trügerisch. Denn sie erzeugte ein subjektives Wärmegefühl, ohne die bauliche Substanz mitzuerwärmen.

Mit dem Aufkommen der Zentralheizung verstärkte sich dieser Trend. Große Heizkessel im Keller, Rohre durch alle Stockwerke, genormte Heizkörper in jedem Raum. Man konnte nun mit einem Handgriff das gesamte Haus beheizen. Was man nicht sah: Wie ungleichmäßig die Wärme verteilt war. Der Heizkörper gab punktuell Wärme ab, die sich durch Luftbewegung im Raum verteilte. Die Konvektion schuf eine Luftwalze: oben heiß, unten kalt, Ecken kühl, Wände unbeheizt.

Besonders Außenwände blieben in der Heizperiode kalt – und wurden zu idealen Kondensationsflächen für die feuchte Raumluft.

Spätestens in den Nachkriegsjahrzehnten wurde Konvektionsheizen zum Standard. Öl, Gas, Warmwasser,

Thermostat – es war bequem, aber weit entfernt von der ursprünglichen Wärme.

Die Heizung wurde zur Technik, zum unsichtbaren System im Hintergrund.

Niemand fragte mehr, wie sie funktioniert, woher die Wärme kommt, wohin sie geht. Wärme wurde eine Zahl auf dem Thermostat. Das Verständnis für den Raum, für Feuchteverläufe, für Wandtemperaturen ging verloren. Die Luft war warm, doch die Bausubstanz blieb kalt – und genau dort begann das Problem.

Die Fußbodenheizung wurde als elegante Alternative eingeführt. Gleichmäßige Erwärmung von unten, keine sichtbaren Heizkörper, keine Luftwalzen. Tatsächlich verbesserte sie das Raumgefühl – solange die Bauweise dazu passte. In gut gedämmten Neubauten funktionierte sie akzeptabel. Doch ihre Trägheit war ein Nachteil. Sie brauchte lange zum Aufheizen, reagierte langsam auf Änderungen – und sie erwärmte primär den Boden. Außenwände, Fensterlaibungen, Deckenbereiche blieben oft untertemperiert.

Auch hier blieb die Frage unbeantwortet: Reicht die Erwärmung der Luft und des Bodens, um Kondensation an den Wandflächen zu vermeiden?

Die jüngsten Entwicklungen setzen auf Digitalisierung und Vernetzung. Wärmepumpen, Fernwärmenetze, smarte Thermostate, App-Steuerung. Wärme kommt auf Knopfdruck – effizient, geregelt, unsichtbar. Aber auch entfremdet.

Der Mensch verliert noch mehr Bezug zur Quelle.

Wärme ist keine Empfindung mehr, sondern eine Einstellung. Raumklima wird algorithmisch geregelt, nicht atmosphärisch wahrgenommen. Die Bauphysik bleibt dabei oft unberücksichtigt. Die Probleme bleiben die gleichen: Luft wird erwärmt, nicht Fläche. Wände bleiben kalt, Ecken feucht.

Schimmel bleibt ein Thema – trotz Technik.

Was wir auf diesem Weg verloren haben, ist die Beziehung zur Wärme. Früher war sie sichtbar, fühlbar, begreifbar. Heute ist sie ein abstrakter Wert. Früher wusste man, dass eine warme Wand ein gesundes Haus bedeutet. Heute glaubt man, dass 21 Grad Lufttemperatur reichen. Doch das ist ein Irrtum. Schimmel wächst nicht, weil die Luft zu kalt ist – sondern weil die Wand nicht warm genug ist. Und weil wir aufgehört haben, genau hinzusehen.

Die Geschichte des Heizens zeigt: Mit jeder technischen Verbesserung kam auch ein Verlust. Mit jedem Komfortgewinn ein Nachteil.

Wir haben schnelleres Heizen gewonnen – aber auch langsameres Verstehen.

Wir haben Zentralisierung geschaffen – aber auch Dezentralisierung der Verantwortung.
Der Heizkörper war eine technische Meisterleistung – aber bauphysikalisch eine Schwachstelle. Die Luftheizung ist bequem – aber für das Feuchtemanagement eine Katastrophe.

Doch es gibt einen Weg zurück – ohne zurückzurudern. Es geht nicht darum, die Kachelöfen vergangener Jahrhunderte zu restaurieren. Es geht darum, das Prinzip zu verstehen, das hinter ihnen steckt:

Strahlungswärme.

Langsam, gleichmäßig, oberflächenerwärmend. Und dieses Prinzip lässt sich heute technisch realisieren – mit modernen Mitteln. Die Infrarotheizung, richtig eingesetzt, knüpft an die alten Qualitäten an – ohne deren Nachteile.

Im nächsten Kapitel schauen wir genau hin: Was passiert eigentlich bei Konvektionsheizungen – und warum sind sie aus bauphysikalischer Sicht so problematisch?

Kapitel 5 – Die gefährliche Behaglichkeit

Warum Konvektionsheizungen Schimmel begünstigen können

Wir alle wollen es warm haben. Gemütlich soll es sein, wohnlich, trocken, gesund. Niemand möchte frieren, schon gar nicht im eigenen Zuhause. Deshalb drehen wir die Heizung auf, lassen warme Luft durch den Raum zirkulieren und genießen das Gefühl, wenn es nach wenigen Minuten „angenehm warm" ist. Doch dieses angenehme Gefühl ist trügerisch. Denn was sich für uns behaglich anfühlt, kann für unsere Wände, unsere Möbel – und vor allem für unser Raumklima – das Gegenteil bedeuten: ein Ungleichgewicht, das im schlimmsten Fall direkt zur Schimmelbildung führt.
Und die Hauptursache dafür ist fast immer dieselbe: Konvektionswärme.

Konvektionsheizungen, also Heizkörper, Radiatoren oder Lüftungsanlagen mit Wärmerückgewinnung, arbeiten nach einem einfachen Prinzip: Sie erwärmen nicht die Umgebung direkt, sondern die Luft im Raum. Diese warme Luft steigt nach oben, kühlt sich auf dem Weg zur Wand und zum Boden wieder ab, sinkt dort ab – und so entsteht eine Luftwalze, ein Kreislauf. Klingt logisch. Funktioniert auch. Aber nur bis zu einem gewissen Punkt.

Die warme Luft vermittelt schnell ein Gefühl von Behaglichkeit. Sie ist leicht, weich, oft ein bisschen zu trocken. Doch sie hat eine Schwäche: Sie besitzt kaum Wärmespeicherkapazität. Sobald das Fenster geöffnet wird oder ein kalter Luftzug eintritt, ist die warme Luft sofort weg – und mit ihr die Behaglichkeit. Noch problematischer ist, dass die Luft zwar temperiert ist, die Wände jedoch kalt bleiben.

In der Bauphysik ist das ein Problem. Denn warme Luft enthält mehr Wasserdampf als kalte Luft. Und wenn diese warme, feuchte Luft an eine kalte Oberfläche trifft – zum Beispiel eine Außenwand, eine Fensterlaibung oder die Ecke hinter dem Kleiderschrank –, dann kühlt sie dort schlagartig ab. Die relative Luftfeuchtigkeit an der Grenzschicht zwischen Luft und Wand steigt rapide an. Wird dort der sogenannte Taupunkt unterschritten, schlägt sich Feuchtigkeit nieder – unsichtbar als dünner Feuchtfilm oder als sichtbare Wassertropfen.

Und dieser Feuchtfilm ist das Paradies für Schimmelsporen, die ohnehin überall in der Luft sind. Innerhalb weniger Tage kann hier ein mikrobielles Wachstum beginnen.

Besonders heimtückisch ist, dass Konvektionsheizungen Temperaturunterschiede im Raum verstärken. Während die Luft in der Nähe des Heizkörpers schnell 22 oder 23 Grad erreicht, bleiben die Wände oft bei 15 oder 16 Grad – insbesondere an schlecht gedämmten Stellen.
Die Behaglichkeit, die wir spüren, beruht also auf einem künstlich erzeugten Temperaturgefälle – warm in der Luft, kalt an der Wand. Und genau dieses Gefälle ist es, das Schimmel entstehen lässt.

Viele Menschen glauben, dass es reicht, die Raumtemperatur auf einem bestimmten Wert zu halten. Doch das ist ein Irrglaube. Entscheidend ist nicht die Lufttemperatur, sondern die operative Temperatur – also das Zusammenspiel aus Lufttemperatur und Strahlungstemperatur der umgebenden Flächen. Wenn die Luft warm ist, die Wand aber kalt, fühlt sich der Raum schnell „zugig" oder „unbehaglich" an.

Die Folge: Wir heizen mehr. Doch mehr Heizen bedeutet auch mehr Feuchtigkeit in der Luft – und wenn diese nicht abgeführt wird oder die Wände nicht warm genug sind, steigt das Schimmelrisiko weiter.

Ein weiteres Problem bei Konvektionsheizungen ist die Luftbewegung selbst. Sie sorgt nicht nur für Staubaufwirbelung, sondern transportiert Feuchtigkeit durch den Raum – dorthin, wo sie nicht hingehört. Ein Heizkörper unter dem Fenster führt dazu, dass die warme, feuchte Raumluft zur gegenüberliegenden Wand zirkuliert – und sich dort abkühlt. Besonders kritisch wird es in Räumen, in denen Möbel an Außenwänden stehen. Dort kann sich die Luft nicht bewegen, die Oberflächentemperatur bleibt niedrig, die Feuchte kann nicht abtrocknen – und der Schimmel beginnt im Verborgenen zu wachsen.

Diese Zusammenhänge erklären auch, warum gerade Schlafzimmer, Kinderzimmer und wenig beheizte Nebenräume besonders häufig von Schimmel betroffen sind. Nachts wird weniger geheizt, es wird weniger gelüftet, dafür steigt die Luftfeuchtigkeit durch Atmung und Hautfeuchte. Morgens ist die Luft gesättigt, die Wände sind kalt – ein idealer Nährboden für Pilzbefall. Konvektionswärme kann diesen Prozess nicht verhindern – im Gegenteil: Sie verschiebt das Problem von der Luft auf die Wand.

Selbst in gut gedämmten Neubauten bleibt das Risiko bestehen. Denn auch dort arbeiten viele Heizsysteme nach dem Konvektionsprinzip. Und je dichter das Gebäude, desto weniger Luftaustausch findet statt. Die Luftfeuchtigkeit bleibt im Raum, verteilt sich ungleichmäßig – und trifft irgendwann auf eine Fläche, die kühler ist als die Luft selbst. Genau dort setzt die Kondensation ein. Man könnte sagen:

Konvektionsheizungen sorgen für feuchte Luft in trockenen Räumen – und nasse Wände in warmen Wohnungen.

Dass viele Schimmelprobleme gerade nach energetischen Sanierungen auftreten, ist kein Zufall. Wenn Wände von außen gedämmt werden, Fenster luftdicht schließen und gleichzeitig klassische Heizkörper erhalten bleiben, entstehen oft neue Feuchteprobleme. Der natürliche Luftwechsel wird reduziert, die Bauphysik verändert sich – aber das Heizsystem bleibt gleich. Und so heizt man eine warme Luftblase in einen nun feuchtesensiblen Raum.

Die Folge ist eine paradoxe Situation: energetisch optimierte Gebäude mit gesundheitsgefährdendem Raumklima.

Die Konsequenz daraus ist nicht, weniger zu heizen – sondern anders zu heizen. Wer den Schimmel wirklich vermeiden will, muss die Wärme nicht in der Luft suchen, sondern in der Wand. Die Oberflächentemperaturen müssen steigen, nicht nur die Thermostatwerte. Und dafür braucht es ein Heizsystem, das nicht auf Luftzirkulation setzt, sondern auf direkte Erwärmung von Flächen und Massen.

Konvektionsheizungen sind nicht per se schlecht. Sie haben ihre Berechtigung, vor allem in kurzfristig genutzten Räumen, in Übergangszeiten oder in Kombination mit guter Belüftung. Aber sie sind für dauerhafte, schimmelfreie, behagliche Wohnräume nur bedingt geeignet. Sie erwärmen die Luft – nicht den Raum. Und sie lösen kein Feuchteproblem, sie verlagern es.

Im nächsten Kapitel schauen wir deshalb auf die Alternative: ein Heizsystem, dass keine Luft verwirbelt, sondern Wärme dorthin bringt, wo sie gebraucht wird – an die Wand, in den Raum, zum Menschen.

Die Infrarotheizung ist nicht neu, aber neu gedacht. Sie ist keine Modeerscheinung, sondern eine Rückbesinnung auf ein Prinzip, das schon seit Jahrtausenden funktioniert: Strahlungswärme.

Kapitel 6 – Strahlungswärme statt Luftumwälzung

Das Prinzip der Infrarotheizung

Wärme ist nicht gleich Wärme. Und doch wird in der Alltagssprache kaum unterschieden. Wenn wir sagen, „es ist warm", meinen wir in der Regel die Temperatur der Luft. Das Thermometer zeigt 21 Grad, die Raumluft fühlt sich angenehm an, das war's. Dabei ist das, was wir als „Wärme" empfinden, viel komplexer – und vor allem: sehr individuell. Denn das menschliche Temperaturempfinden hängt nicht nur von der Lufttemperatur ab, sondern auch davon, wie warm die umgebenden Flächen sind. Und genau hier beginnt das Prinzip, das moderne Infrarotheizungen wieder ins Zentrum rücken: Strahlungswärme.

Wärme und Temperatur sind nicht dasselbe!

Temperatur ist eine physikalische Größe, die den thermodynamischen Zustand eines Systems beschreibt. Sie ist ein Maß für die mittlere kinetische Energie der Teilchen (Atome oder Moleküle) eines Stoffes. Je schneller sich diese Teilchen bewegen, desto höher ist die Temperatur. Temperatur ist somit ein Ausdruck der inneren Energie pro Teilchen – unabhängig von der Anzahl der Teilchen oder der Gesamtmenge des Stoffes.

Wärme (physikalisch korrekt: Wärmemenge) hingegen ist Energie, die zwischen Systemen aufgrund eines Temperaturunterschieds übertragen wird. Wärme kann nur dann fließen, wenn zwischen zwei Körpern oder Bereichen ein Temperaturgefälle besteht – sie fließt stets vom wärmeren zum kühleren System, bis ein Temperaturausgleich erreicht ist.

Wärme ist also Energie in Bewegung, Temperatur ist ein Zustandsmaß.

Die Natur kennt diese Art der Wärme seit Anbeginn.

Die Sonne ist die wohl bekannteste Quelle von Infrarotstrahlung. Ihre Wärmestrahlen überwinden Millionen Kilometer Vakuum – und erwärmen nicht die Luft, sondern den Boden, die Oberfläche, den Körper.

Wer im Winter auf einem windgeschützten Balkon sitzt und sich vom Sonnenstrahl wärmen lässt, spürt diese Wirkung unmittelbar. Die Luft kann kalt sein – aber der Körper fühlt sich warm. Es ist keine Einbildung.

Es ist Infrarotstrahlung.

Genau dieses Prinzip machen sich Infrarotheizungen zunutze.

Statt einen Raum über Luftzirkulation zu erwärmen – wie es bei klassischen Heizkörpern der Fall ist –, erzeugen sie elektromagnetische Wellen im Infrarotbereich. Diese Wellen treffen auf Oberflächen, werden dort absorbiert und in Wärme umgewandelt. Sie durchdringen nicht den Raum wie ein Fön, sondern sie wirken auf das, was sich im Raum befindet: Wände, Möbel, Böden, Menschen. Die Luft wird dabei nur indirekt erwärmt – durch die Rückstrahlung der warmen Oberflächen.

Das ist der entscheidende Unterschied zur Konvektion.

Während bei Konvektionsheizungen die Lufttemperatur zuerst steigt und erst später – wenn überhaupt – die Wandtemperatur nachzieht, geschieht es bei Strahlungswärme genau umgekehrt. Die Wand wird zuerst warm, dadurch sinkt das Risiko von Kondensation, das Raumklima stabilisiert sich, und die gefühlte Temperatur steigt – auch wenn die Luft selbst etwas kühler ist. Der Körper fühlt sich bei 20 Grad Lufttemperatur mit warmen Wandflächen behaglicher als bei 23 Grad Lufttemperatur mit kalten Wänden.

Und genau das spart Energie!

Denn wer sich bei geringerer Lufttemperatur wohlfühlt, muss weniger heizen. Studien zeigen, dass sich mit Infrarotheizungen die Lufttemperatur oft um zwei bis drei Grad senken lässt, ohne dass die Behaglichkeit darunter leidet.

Im Gegenteil: Sie steigt. Das liegt an der gleichmäßigen Erwärmung aller Flächen. Es gibt keine kalten Ecken, keine feuchten Stellen, keine Luftwirbel. Die Wärme ist nicht in Bewegung – sie ist einfach da.

Infrarotheizungen sind dabei keineswegs eine Erfindung des 21. Jahrhunderts. Schon in der Antike nutzte man beheizte Wände und Böden – die römische Hypokaustenheizung ist ein frühes Beispiel für flächenbasierte Strahlungswärme.

Die römische Hypokaustenheizung war ein ausgeklügeltes Warmluft-Heizsystem, das bereits in der Antike für thermischen Komfort in Badeanlagen, Villen und öffentlichen Gebäuden sorgte. Ihr Funktionsprinzip beruhte auf der Erzeugung und Verteilung von heißer Luft unter dem Fußboden und teilweise auch in den Wänden. Dazu wurde in einer seitlich außerhalb des eigentlichen Gebäudes gelegenen Feuerstelle – dem sogenannten Praefurnium – ein Holzfeuer entfacht. Die dabei entstehende heiße Luft sowie die Rauchgase strömten in einen Hohlraum unter dem Fußboden, der durch kleine gemauerte Pfeiler (Pilae) geschaffen wurde. Dieser sogenannte Hypokaustum-Raum ermöglichte es, dass die darüber liegende Bodenplatte sich erwärmte und großflächig Wärme in den Raum abstrahlte.

Auch der Kachelofen arbeitete nach diesem Prinzip. Neu ist lediglich die Art der Energiequelle: statt Holz oder Kohle wird heute Strom verwendet. Und durch moderne Technik gelingt es, diese Energie sehr effizient in Infrarotstrahlung umzuwandeln – mit geringer Vorlaufzeit, hoher Regelbarkeit und erstaunlich wenig Verlusten.

Ein weiterer Vorteil liegt in der Verteilung: Infrarotheizungen können gezielt platziert werden. An der Wand, an der Decke, sogar als Fußleisten oder in Möbel integriert. Sie benötigen keine Rohre, keine Heizräume, keine Umwälzpumpen. Sie sind wartungsfrei, leise, unauffällig. Und sie können Räume zonieren: Nur dort, wo Wärme gebraucht wird, wird sie auch erzeugt. Wer abends nur einen Lesesessel nutzen möchte, kann diesen Bereich beheizen – ohne das ganze Zimmer erwärmen zu müssen.

Das macht Infrarotheizungen nicht nur effizient, sondern auch besonders geeignet für Gebäude mit unterschiedlichen Nutzungszonen, Altbauten mit Feuchteproblemen oder schlecht beheizbare Räume wie Wintergärten, Gästezimmer oder Ferienwohnungen. Dort, wo klassische Heizsysteme teuer, träge oder ineffektiv sind, spielt die Infrarotstrahlung ihre Stärken aus. Besonders in Altbauten zeigt sich ihr Vorteil: Durch die Erwärmung der Wandflächen wird nicht nur Schimmel vermieden – auch die Baufeuchte wird aktiv reduziert. Eine warme Wand bleibt trocken – und eine trockene Wand dämmt besser.

Der physikalische Zusammenhang ist klar: Feuchte senkt die Wärmedämmung eines Materials. Ein nasser Ziegelstein leitet Wärme mehr als doppelt so gut wie ein trockener. Wer also mit Strahlungswärme die Wandtemperatur erhöht und damit die Feuchte aus der Wand herauszieht, steigert zugleich die Energieeffizienz.

Es ist ein positiver Kreislauf: Wärme sorgt für Trockenheit, Trockenheit sorgt für Wärmeschutz, Wärmeschutz spart Energie – ganz ohne zusätzliche Dämmmaßnahmen.

Natürlich gibt es auch Grenzen. Infrarotheizungen brauchen Strom – und Strom ist teuer, vor allem im Vergleich zu Gas oder Fernwärme. Doch dieser Vergleich greift zu kurz. Denn der Strom wird direkt in Wärme umgewandelt, ohne Verluste durch Leitungen, Pumpen oder Speichertanks. Und der Bedarf ist oft geringer, weil keine unnötige Luftmasse erwärmt wird. Wer intelligent plant, wer mit Thermostaten arbeitet, wer Räume zoniert und Nutzerverhalten berücksichtigt, kann den Energiebedarf deutlich senken. In Kombination mit Photovoltaik-Anlagen ergibt sich zudem die Möglichkeit, den Heizstrom selbst zu erzeugen – autark, nachhaltig und zukunftssicher.

Ein weiterer Punkt ist die Hygiene. Infrarotheizungen erzeugen keine Luftbewegung – also auch keinen Staub, keine Verwirbelung, keine Verteilung von Allergenen.

Gerade für empfindliche Menschen, Asthmatiker oder Kleinkinder ist das ein Pluspunkt. Auch in sensiblen Bereichen wie Arztpraxen, Ateliers oder Bibliotheken wird das geschätzt.

Was viele überrascht: Infrarotheizungen können auch zur Bautrocknung und Sanierung beitragen. Wer einen feuchten Keller, eine nasse Wand oder einen Altbau mit hoher Restfeuchte besitzt, kann gezielt mit Infrarotflächen arbeiten. Sie erwärmen nicht die Luft, sondern direkt das Mauerwerk – und ermöglichen so eine schnellere Austrocknung, ohne Kondensationsrisiko.

Das schafft keine Konvektionsheizung.

Zusammengefasst lässt sich sagen: Die Infrarotheizung ist kein Allheilmittel – aber eine echte Alternative. Sie setzt auf ein physikalisch sinnvolles Prinzip, das in der Baugeschichte lange bewährt war. Sie verbindet Energieeffizienz mit Baugesundheit, einfache Technik mit hoher Wirkung. Und sie bietet die Möglichkeit, Wärme neu zu denken: nicht als Zahl auf dem Thermostat, sondern als fühlbares Gleichgewicht zwischen Mensch, Raum und Wand.

Im nächsten Kapitel schauen wir uns an, was die Wissenschaft dazu sagt. Welche Studien belegen die Vorteile? Wie schneiden Infrarotheizungen in der Praxis ab? Und warum werden sie trotz ihrer Stärken noch so selten eingesetzt?

Kapitel 7 – Die Wissenschaft dahinter

Was Studien zu Infrarot, Behaglichkeit und Schimmel sagen

Wenn es um Heizsysteme geht, wird viel diskutiert – über Energieeffizienz, Komfort, Kosten.
Über Infrarotheizungen allerdings kursieren besonders viele Missverständnisse, wenn sie überhaupt in Betracht gezogen werden. Manche halten sie für stromfressend, andere für gesundheitsschädlich, wieder andere für überteuerte Nischenlösungen. Doch wer sich näher mit den wissenschaftlichen Erkenntnissen befasst, stößt schnell auf ein anderes Bild. Studien zeigen klar:

Infrarotstrahlung ist nicht nur effizient und gesundheitlich unbedenklich – sie beeinflusst auch das Raumklima positiv und hilft nachweislich bei der Schimmelvermeidung.

In Langzeituntersuchungen, unter anderem in Zusammenarbeit mit Universitäten und Bauforschungsinstituten, wurde gezeigt:

Schimmel in Innenräumen hängt weniger von der allgemeinen Raumtemperatur ab als von der Temperatur der Wandoberflächen. An Stellen, wo die Wand unter 16 °C liegt, kann bereits bei mittlerer Luftfeuchtigkeit Feuchte aus der Raumluft kondensieren – und genau dort beginnt der biologische Prozess, der zur

Schimmelbildung führt.

Infrarotheizungen verhindern genau das. Sie erwärmen nicht primär die Luft, sondern die Bauteile. Die Oberflächen werden wärmer – dadurch sinkt das Risiko von Tauwasserbildung. In Räumen mit IR-Heizsystem wurde wiederholt nachgewiesen, dass selbst kritische Stellen wie Ecken, Fensterlaibungen oder Wandbereiche hinter Möbeln oberhalb der Kondensationsgrenze bleiben.

Ein aufschlussreicher Versuch wurde an der Technischen Universität Dresden durchgeführt. Verschiedene Heizsysteme wurden in vergleichbaren Räumen installiert und über Wochen miteinander verglichen. Gemessen wurden Luftfeuchtigkeit, Wandtemperatur, Energieverbrauch und das subjektive Empfinden der Raumnutzer. Das Ergebnis: Die Infrarotheizung erzeugte die gleichmäßigsten Temperaturen an allen Raumflächen. Die Raumluft blieb tendenziell etwas kühler, doch das Komfortempfinden war durch die warme Umgebung höher. Außerdem wurde die Feuchtigkeit in der Raumluft schneller ausgeglichen, weil die Wände als natürliche Pufferspeicher fungieren konnten – unterstützt durch ihre gleichmäßige Erwärmung.

Auch das Fraunhofer-Institut für Bauphysik kommt zu ähnlichen Schlussfolgerungen. Dort wurde untersucht, wie sich Strahlungswärme auf die sogenannte thermische Behaglichkeit auswirkt. Gemeint ist das subjektive

Empfinden von Wärme – eine Größe, die nicht allein an der Lufttemperatur festzumachen ist. Die Versuche zeigten: Menschen empfinden Räume mit einem hohen Anteil an Strahlungswärme bei niedrigeren Lufttemperaturen als angenehm. Dieses „thermische Gleichgewicht" ermöglicht es, Heizenergie zu sparen, ohne dass es sich kälter anfühlt.

Ein häufig diskutierter Punkt bei Infrarotheizungen ist die Frage nach gesundheitlichen Auswirkungen. Viele Menschen hören „Strahlung" und denken an Röntgenstrahlen oder Mikrowellen. Doch Infrarotstrahlung ist ein völlig anderer Bereich des elektromagnetischen Spektrums – sie ist physikalisch identisch mit der natürlichen Sonnenwärme, nur ohne UV-Anteil. Infrarotstrahlung ist langwellig, thermisch und absolut unbedenklich. Sie erwärmt Oberflächen und Körper – nicht durch Energieeintrag auf Zellebene, sondern durch Schwingung von Molekülen. Es handelt sich um Wärmestrahlung im klassischen Sinne, wie sie auch von jedem warmen Körper abgegeben wird – vom Menschen selbst, von einem Kamin oder von der Sonne durch ein Fenster.

Immer wieder wird auch das Thema Elektrosmog angesprochen. Moderne Infrarotheizungen arbeiten jedoch mit niederfrequentem Wechselstrom, wie alle haushaltsüblichen Elektrogeräte. Die erzeugten elektromagnetischen Felder sind messbar, aber sehr schwach – und liegen deutlich unter den gesetzlich zulässigen Grenzwerten. Hochwertige Infrarotheizungen werden oft sogar nach EMV-Richtlinien geprüft (elektromagnetische Verträglichkeit) und geben keine messbare Belastung an den Raum ab. Verglichen mit WLAN-Routern, Mobiltelefonen oder sogar Kühlschränken liegt die elektromagnetische Abstrahlung eines Infrarotpaneels im unteren Bereich alltäglicher Elektrogeräte. Wer hier besonders sensibel ist, kann auf Modelle mit abgeschirmten Kabeln und Netzfiltern zurückgreifen – diese sind im Fachhandel erhältlich.

Ein weiteres Ergebnis aus der wissenschaftlichen Begleitforschung betrifft das Raumklima im weiteren Sinne. In Infrarotbeheizten Räumen wurde nicht nur eine gleichmäßigere Oberflächentemperatur gemessen – sondern auch eine stabilere relative Luftfeuchte, insbesondere in den Randzonen. Da die Oberflächen warm sind, kondensiert dort keine Feuchtigkeit aus der Raumluft. Das sorgt für trockene Wandflächen – und verhindert, dass sich Mikroorganismen einnisten können. Selbst in Raumecken, hinter Möbeln oder an Fensterlaibungen bleibt die relative Luftfeuchte unterhalb der kritischen Schwelle für mikrobielle Aktivität.

Natürlich ersetzt Infrarotwärme keine gute Lüftung. Auch in gut beheizten Räumen kann sich Luftfeuchtigkeit auf kalten Glasflächen niederschlagen – etwa an Fenstern.

Dieser Effekt ist physikalisch nicht zu verhindern, solange die Luftfeuchte hoch und die Außentemperatur niedrig ist. Entscheidend ist aber: Die Bauteile bleiben trocken, insbesondere die kritischen Wandflächen. Und genau das macht den Unterschied zur Konvektionsheizung aus.

Oft genannt wird auch die Kritik am Energieverbrauch. Strom sei teuer, so das Argument. Das stimmt – bezogen auf den reinen Kilowattstundenpreis. Doch dabei wird häufig übersehen, dass Infrarotheizungen keine Umwandlungsverluste haben. Die Energie wird dort erzeugt, wo sie gebraucht wird – direkt im Raum. Es entstehen keine Verluste durch Leitungswärme, keine Umwälzpumpen, keine Verteilverluste. Und weil die Strahlungswärme effizienter wirkt, ist die benötigte Heizleistung geringer. In der Praxis bedeutet das: Bei sachgerechter Auslegung und Nutzung liegen die Gesamtheizkosten auf einem vergleichbaren Niveau wie bei anderen modernen Heizsystemen – manchmal sogar darunter, vor allem bei Sanierungen oder in kleinen Einheiten.

Die Forschung liefert auch Erkenntnisse zur Langlebigkeit. Infrarotpaneele haben keine beweglichen Teile, kein Wasser, keine Ventile. Sie sind praktisch wartungsfrei, lautlos und langlebig. Viele Modelle sind auf 25 Jahre und mehr ausgelegt. Die Ausfallrate ist extrem gering. Das macht sie interessant nicht nur für

Privathaushalte, sondern auch für Mietobjekte, Büros, Ferienwohnungen oder Sanierungsobjekte – überall dort, wo Betriebssicherheit und Wartungsarmut gefragt sind.

All diese Erkenntnisse ergeben ein klares Bild: Infrarotheizungen wirken direkt, effizient und gesund. Sie beheben nicht nur ein Wärmeproblem – sondern sie verhindern systemisch die Ursache von Schimmelbildung. Durch die Erwärmung der Wandoberflächen wird Kondensat vermieden, durch die gleichmäßige Strahlung entsteht ein behagliches Raumgefühl – und durch die fehlende Luftumwälzung bleibt das Raumklima stabil. Die Wissenschaft hat all das belegt – nun ist es an der Zeit, dieses Wissen auch praktisch umzusetzen.

Im nächsten Kapitel geht es genau darum: Wie lassen sich Infrarotheizungen konkret in Gebäuden einsetzen? Was muss beachtet werden? Und worauf kommt es in der Praxis an, wenn man nachhaltig, gesund und effizient heizen will?

Kapitel 8 – Sanieren mit System

Infrarotheizung in der Praxis: richtig planen, richtig einsetzen

Wer sich mit dem Gedanken trägt, eine Infrarotheizung zu installieren – ob im Altbau, im Neubau oder als Ergänzung zur bestehenden Anlage –, steht vor einer Vielzahl von Möglichkeiten. Und genau darin liegt die große Stärke dieses Systems:

Infrarotheizungen sind nicht nur technisch einfach und effizient, sondern auch in der Praxis außerordentlich flexibel, gestalterisch vielseitig und bauphysikalisch intelligent einsetzbar. Doch damit das volle Potenzial dieser Technik zur Wirkung kommt, müssen einige wichtige Aspekte beachtet werden. Es geht nicht einfach nur darum, ein Paneel an die Wand zu hängen und den Stecker einzustecken.

Entscheidend ist die Qualität der verwendeten Materialien, die Strahlungsleistung, die Abstrahlrichtung – und der bauliche Kontext, in dem die Heizung arbeitet.

Zunächst einmal gilt: Nicht jede Infrarotheizung ist automatisch gut. Der Markt ist in den letzten Jahren stark gewachsen, und leider sind nicht alle Produkte gleichwertig.

Entscheidend ist die Effizienz der Strahlungsabgabe, also der Anteil der eingesetzten elektrischen Energie, der tatsächlich als thermisch wirksame Infrarotstrahlung im langwelligen Bereich in den Raum abgegeben wird – und nicht in Form von Konvektion oder Rückstrahlung verloren geht.

Hochwertige Infrarotpaneele erreichen Strahlungsanteile von über 70 %, Spitzenprodukte sogar über 90 %. Billigprodukte hingegen schaffen teils weniger als 50 %. Sie erwärmen dann mehr die Luft als die Wand – und verfehlen damit genau das, was sie eigentlich leisten sollen: eine trockene, gleichmäßig warme Raumhülle.

Ein weiterer Punkt betrifft die Rückseitenisolierung. Gute IR-Heizungen strahlen fast ausschließlich nach vorne, also in den Raum. Die Rückseite ist gedämmt oder mit einer reflektierenden Schicht versehen, sodass möglichst wenig Energie in die Wand oder gar nach außen abgegeben wird. Denn was nützt eine Heizfläche, die zur Hälfte in Richtung Außenwand arbeitet? Die Wärme soll dorthin, wo Menschen leben, wo Möbel stehen, wo Raumklima entsteht. Wer also eine Infrarotheizung anschafft, sollte unbedingt auf ein technisches Datenblatt mit Angaben zur Strahlungswirkung, zur Flächentemperatur und zur Rückseitenisolierung achten – oder sich an etablierte Hersteller halten, die langjährige Erfahrung mitbringen.

Die Praxis zeigt: Bei korrekter Dimensionierung und Planung lassen sich mit Infrarotheizungen ganze Gebäude effizient, dauerhaft und schimmelfrei beheizen. Wichtig ist, dass die Heizflächen so im Raum positioniert werden, dass die Strahlung möglichst viele Flächen trifft – bevorzugt Außenwände oder kritische Bereiche. Strahlung „füllt" nicht den Raum wie warme Luft, sondern wirkt zielgerichtet. Das macht eine sorgfältige Planung erforderlich – ist aber auch der Schlüssel zu hoher Effizienz.

Gerade in der Altbausanierung zeigt sich die große Stärke dieser Technik. Klassische Heizkörper benötigen Wasseranschlüsse, Rohrleitungen, Verteiler – alles Systeme, die in alten Gebäuden mit Aufwand und Risiko verbunden sind.

2 Fachhandwerker, 1 Elektriker und ein LKW voller Bauteile

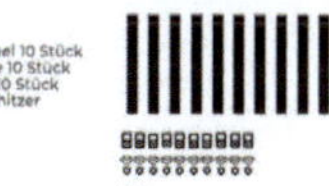

1 Elektriker und ein PKW

Infrarotheizungen dagegen benötigen nur Strom – kein Wasser, keine Pumpe, keine Ventile, keine Wartung. Sie können punktgenau installiert werden dort, wo sie gebraucht werden. Auch das Nachrüsten ist denkbar einfach: Paneel montieren, Steckdose anschließen – fertig. Besonders bei Gebäuden mit feuchten Wänden oder Restfeuchte nach Wasserschäden entfalten sie eine zusätzliche Wirkung: Sie erwärmen die Wand direkt – und fördern so die Austrocknung. So können Infrarotheizungen sogar Teil eines Sanierungskonzepts sein – nicht nur als Wärmequelle, sondern als baubiologische Maßnahme gegen Feuchtigkeit und Schimmel.

Ein weiterer Pluspunkt: die gestalterische Freiheit. Während Heizkörper oft sperrig und optisch störend sind, lassen sich Infrarotheizungen nahezu unsichtbar in den Raum integrieren. Es gibt Modelle als Spiegel, als Tafel, als gläserne Flächen, als weiße Platten, als flächenbündige Deckenheizungen oder sogar als individuell bedruckbare Bildheizung. Das Paneel wird dann zum Kunstwerk – mit der Funktion einer hochmodernen Heizung. Auch die Montage ist flexibel: an der Wand, an der Decke, in Dachschrägen, als flächenbündiges Element oder freistehend mit Rollen, als Standmodell. So lassen sich auch schwierige Räume, verwinkelte Grundrisse oder gestalterisch anspruchsvolle Interieurs problemlos beheizen – ohne Einschränkungen durch Rohrverläufe, Heizkörpernischen oder Wasseranschlüsse.

Im Vergleich zu wasserführenden Heizsystemen bietet die Infrarotheizung damit eine beispiellose Flexibilität. Während konventionelle Systeme auf zentrale Wärmeerzeugung, Verteiler und hydraulischen Abgleich angewiesen sind, arbeitet das Infrarotsystem dezentral, modular, individuell steuerbar. Räume können unabhängig voneinander geregelt werden – ohne dass das Gesamtsystem aus dem Gleichgewicht gerät. Das macht es besonders attraktiv für Gebäude mit differenzierten Nutzungsprofilen, für Etagenwohnungen, Ferienhäuser, Anbauten oder Teilmodernisierungen.

Ergänzt werden kann diese Heizlösung durch sogenannte funktionale Innenfarben, die das bauphysikalische Raumklima zusätzlich verbessern. Diese Beschichtungen reflektieren Wärmestrahlung gezielt in den Raum zurück, verbessern die Oberflächentemperatur, reduzieren die Kondensationsneigung und wirken zusätzlich biozidfrei gegen Schimmelpilzbefall. In Kombination mit Infrarotheizungen entsteht ein doppelt wirkendes Schutzsystem: Die Wand bleibt warm – und die Beschichtung verhindert, dass Feuchte eindringen oder Mikroorganismen Fuß fassen können. Besonders in schimmelanfälligen Räumen wie Schlafzimmern, Bädern oder Außenwandecken ist das eine einfache, dauerhafte Lösung – ganz ohne Chemie oder Technikaufwand.

Ein großer Vorteil ergibt sich auch für Vermieter und Eigentümer: Wartungsfreiheit. Keine Brennkammern, keine Thermen, keine Schornsteinfeger, keine Pumpen – ein Infrarotpaneel funktioniert über Jahrzehnte hinweg störungsfrei. Das reduziert nicht nur die Betriebskosten, sondern auch die organisatorische Last. Es entstehen keine Folgekosten, keine wiederkehrenden Wartungsverträge – nur Strom, und dieser kann durch geeignete Tarifwahl oder eigene Stromerzeugung (z. B. Photovoltaik) günstig beeinflusst werden.

Ein weiteres, oft übersehenes Argument: Luftqualität und Hygiene. Durch den Verzicht auf Luftumwälzung entsteht kein Staubflug, keine Verteilung von Pollen, Tierhaaren oder Mikrofasern. In Kombination mit der gleichmäßigen Strahlungswärme sinkt die Belastung für Allergiker erheblich. Auch empfindliche Materialien im Raum – Holzmöbel, Bücher, Musikinstrumente – profitieren von der stabilen Luftfeuchtigkeit und der geringeren Luftzirkulation.

Damit all diese Vorteile zum Tragen kommen, braucht es dennoch eine kompetente Planung. Es geht nicht darum, blind ein Paneel pro Raum zu montieren. Die Heizleistung muss zur Raumgröße, zur Dämmung, zur Nutzung und zur Lage des Raumes passen. Ein Fachberater kann hier wertvolle Hinweise geben – oder online verfügbare Auslegungstools der Hersteller. Entscheidend ist, dass die Heizflächen ausreichend dimensioniert sind – lieber etwas größer gewählt, dafür aber mit moderater Temperatur betrieben. So entsteht eine gleichmäßige, sanfte Strahlung – ganz ohne Überhitzung oder Hotspots.

Fazit: Infrarotheizungen sind in der Praxis nicht nur eine Alternative – sondern in vielen Fällen die bessere Lösung. Sie sind flexibel, wartungsfrei, gestalterisch anpassbar, effizient und gesundheitlich unbedenklich. Und sie eröffnen neue Wege für nachhaltige Sanierung, für gesundes Wohnen und für unabhängiges Heizen in einem sich wandelnden Energiemarkt. Wer sie richtig einsetzt, wird schnell feststellen: Wärme kann mehr sein als Lufttemperatur.

Sie kann Raumqualität sein – spürbar, sichtbar, dauerhaft.

Im nächsten Kapitel schauen wir auf das, was noch darüber hinausgeht: auf die Kraft der Oberflächen selbst. Denn nicht nur die Wärmequelle zählt – sondern auch das, was sie trifft: Funktionale Wandbeschichtungen, kapillaraktive Materialien und die Rückkehr zu intelligenten Oberflächenkonzepten.

Kapitel 9 – Mehr als Wärme

Wie funktionale Wandfarben gegen Schimmel helfen können

Wände sind mehr als nur Raumtrenner. Sie umgeben uns, schützen uns – und wirken unbemerkt auf unser Raumklima. In der Bauphysik spielen sie eine entscheidende Rolle: als Speicher, als Feuchtepuffer, als Oberfläche für Wärmestrahlung. Und genau hier liegt ein Potenzial, das lange übersehen wurde: Funktionale Wandbeschichtungen, die nicht nur Farbe an die Wand bringen, sondern aktiv auf Wärme und Feuchtigkeit einwirken – und so helfen, Schimmel dauerhaft zu verhindern.

Wer Infrarotheizungen nutzt, denkt in Strahlungswärme. Und Strahlung wirkt auf Oberflächen. Es ist daher nur logisch, sich auch mit diesen Oberflächen näher zu befassen. Denn nicht jede Wandfarbe reagiert gleich auf Wärmestrahlung. Manche reflektieren sie, andere absorbieren sie, wieder andere behindern sogar die Diffusionsfähigkeit des Putzes – ein oft übersehener Zusammenhang, der weitreichende Folgen für das Raumklima hat.

Moderne funktionale Innenwandfarben – auch bekannt als thermisch aktive oder wärmereflektierende Beschichtungen – wurden speziell entwickelt, um die

Wärmewirkung von Infrarotstrahlung zu verstärken. Sie arbeiten nicht durch Dämmung, sondern durch gezielte physikalische Effekte: Mikrohohlglaskugeln, keramische Additive oder spezielle Bindemittel reflektieren einen Großteil der Wärmestrahlung zurück in den Raum. Die Wand bleibt warm – und damit trocken. Die Strahlung wird nicht verschluckt, sondern genutzt. Das verbessert die Effizienz der Heizung und erhöht die gefühlte Behaglichkeit im Raum.

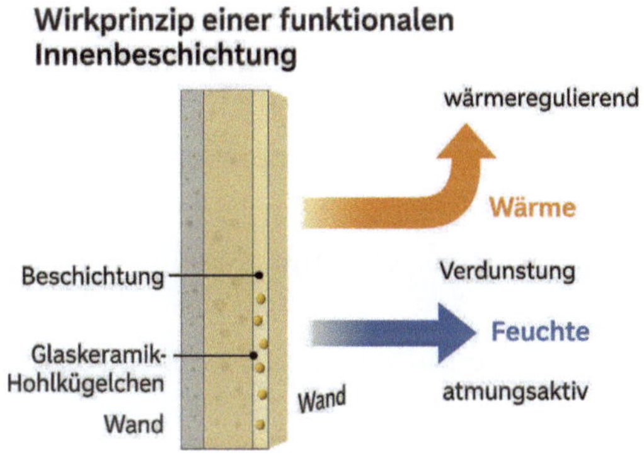

Doch das ist nur die halbe Wirkung. Die besten dieser Beschichtungen sind zudem hoch diffusionsoffen und kapillaraktiv. Das bedeutet: Sie behindern nicht die Dampfdiffusion – im Gegenteil: Sie unterstützen den natürlichen Feuchtetransport durch die Wand. Feuchte Luft im Raum kann aufgenommen, gepuffert und bei Bedarf wieder abgegeben werden – ohne dass sich Wasser an der Oberfläche niederschlägt. Dadurch bleibt die

Wand trocken – nicht durch Abdichtung, sondern durch physikalische Atmung.

Diese Wirkweise ist besonders wertvoll in Kombination mit Infrarotheizungen. Während die Heizung dafür sorgt, dass die Wand warm bleibt, sorgt die Beschichtung dafür, dass sie trocken bleibt. Beides zusammen schafft ein Raumklima, das Schimmel dauerhaft die Grundlage entzieht. Denn Schimmel braucht zwei Dinge: Feuchtigkeit und eine kühle Oberfläche. Wenn beides nicht vorhanden ist, hat er keine Chance.

Ein weiterer Vorteil: Diese Farben sind meist frei von Weichmachern, Bioziden oder Konservierungsmitteln.

Ihre Wirkung ist rein physikalisch – nicht chemisch.

Das ist nicht nur umweltfreundlich, sondern auch für Allergiker, Kinderzimmer und sensible Innenräume ein wichtiges Argument. Es gibt keine Ausgasungen, keine Reizstoffe – nur Farbe mit Funktion.

Im Sommer zeigen diese Beschichtungen eine zweite Wirkung: sommerlicher Wärmeschutz. Denn genauso wie sie im Winter die Wärmestrahlung im Raum halten, können sie im Sommer die Aufnahme von Solarstrahlung reduzieren. Gerade bei Dachwohnungen, nachträglich gedämmten Fassaden oder Südfenstern kann dies einen spürbaren Effekt haben.

Die Wand heizt sich weniger auf, die Innenräume bleiben kühler – ohne Klimaanlage, ohne Technik, nur durch physikalische Reflexion.

Die Anwendung solcher Farben ist einfach: Sie werden gestrichen wie herkömmliche Innenfarben – oft sogar mit Rolle oder Pinsel. Es gibt sie in Weiß oder abtönbar in Pastelltönen. Wichtig ist nur, dass sie nicht mit dichten Tapeten oder minderwertigen Anstrichen überdeckt werden, da sonst die Wirkmechanismen unterbunden werden. Bei Sanierungen, Altbauten oder sensiblen Räumen empfiehlt sich daher immer eine ganzheitliche Betrachtung: Heizung und Wandbeschichtung als Einheit. Nur so entsteht ein stabiles, gesundes Raumklima, das sich nicht nur gut anfühlt – sondern auch sichtbar wirkt.

Die Forschung bestätigt die Wirksamkeit dieser Farben: Messungen zeigen signifikante Verbesserungen bei der Wandtemperatur, der Rückstrahlungsleistung und der Feuchteverteilung im Putz. Besonders in den ersten fünf Millimetern der Wandoberfläche – dort, wo Schimmel entsteht – zeigt sich der Unterschied. Auch nach Jahren bleibt die Wirkung erhalten – ohne Nachbehandlung, ohne Verschleiß. Einmal aufgetragen, wirken sie dauerhaft.

Und das nicht nur im Innenraum. Spezielle Varianten dieser funktionalen Beschichtungen sind auch für die Außenfassade erhältlich. Dort erfüllen sie gleich mehrere Aufgaben: Sie reflektieren im Sommer einen Großteil der Sonnenstrahlung, bevor sie überhaupt ins Gebäude eindringen kann. So bleibt die Wandmasse kühler, die Aufheizung verzögert sich, die Innenräume bleiben messbar angenehmer. Besonders bei Dachflächen oder südorientierten Wandflächen ist dieser Effekt deutlich – denn hier trifft die Sonneneinstrahlung besonders intensiv ein. Wird die äußere Hülle aktiv in den sommerlichen Wärmeschutz eingebunden, entsteht ein ganzjährig funktionierendes System aus Innen- und Außenwirkung – ganz ohne Dämmstoffpakete, rein durch intelligente Steuerung der Wärmestrahlung.

Darüber hinaus leisten diese Fassadenbeschichtungen einen wichtigen Beitrag zur Sauberkeit und Langlebigkeit der Gebäudehülle. Durch ihre hydrophoben und photokatalytisch wirksamen Eigenschaften perlen Wasser, Schmutzpartikel und selbst organische Substanzen schneller ab – das bedeutet: weniger mikrobieller Bewuchs, weniger Algen, weniger dunkle Flecken. Besonders in schattigen Lagen, bei hoher Umgebungsfeuchte oder in der Nähe von Bäumen ist das ein klarer Vorteil. Der Schutzeffekt entsteht auch hier physikalisch, nicht chemisch – ganz ohne Biozide, also ohne Auswaschung in Boden oder Grundwasser.

So wird die Fassade nicht nur schöner, sondern auch gesünder – für das Haus, die Umgebung und den Bewohner. Die Kombination aus Infrarotheizung innen und thermisch aktiver Fassadenbeschichtung außen schafft ein Gebäude, das mit seiner Umwelt interagiert, das Wärme dorthin leitet, wo sie gebraucht wird, und sie draußen hält, wo sie stört. Eine neue Art des Bauens – nicht durch Masse, sondern durch Funktion. Nicht durch Materialmenge, sondern durch physikalische Intelligenz.

Im nächsten Kapitel wenden wir uns einem weiteren zentralen Element zu: der Rolle der verwendeten Baustoffe im Feuchtetransport. Denn kein Heizsystem, keine Farbe kann wirken, wenn das Mauerwerk die Feuchte nicht weitergeben oder aufnehmen kann. Wir schauen auf Kapillarität, Materialwahl und die entscheidende Schicht zwischen Raum und Umwelt.

Kapitel 10 – Natürlich trocken

Kapillarverhalten, Materialien und ihre Rolle im Feuchtemanagement

Feuchtigkeit in Gebäuden ist kein lokales Problem – sie ist ein systemisches. Sie entsteht nicht nur durch Leckagen oder Starkregen, sondern vor allem im Inneren: durch Atmen, Duschen, Kochen, Schwitzen. In einem durchschnittlich genutzten Haushalt kommen so täglich mehrere Liter Wasser in die Raumluft – ganz ohne sichtbare Quelle. Und genau hier entscheidet sich, ob ein Gebäude dauerhaft gesund bleibt oder zum Nährboden für Schimmel wird. Der Schlüssel liegt nicht allein in der Heizung oder in der Lüftung – sondern im Wandaufbau, in den verwendeten Materialien und im Feuchtetransport im Detail.

Viele denken bei Baufeuchte an nasse Wände. Tatsächlich ist das Problem oft subtiler: Es geht nicht um tropfnasse Bauteile, sondern um Feuchte im molekularen Bereich – in Form von Wasserdampf, der sich in Poren, Kapillaren und Grenzschichten anreichert oder gestaut wird. Entscheidend ist, wie ein Material damit umgeht. Nimmt es die Feuchte auf? Leitet es sie weiter? Gibt es sie wieder ab? Oder blockiert es den Fluss – und erzeugt ein lokales Feuchteproblem, das irgendwann zum Schimmelherd wird?

Hier kommt die Kapillarität ins Spiel – ein physikalisches Prinzip, das lange unterschätzt wurde. Kapillaraktive Baustoffe besitzen ein feinporiges Gefüge, das Wassermoleküle durch Adhäsionskräfte aufnehmen und entlang von Kapillaren weitertransportieren kann. So wird Feuchtigkeit, die sich lokal anreichert, im Bauteil verteilt – und kann über größere Oberflächen verdunsten. Dieser Mechanismus entspricht einer Art Selbstheilung: Die Wand nimmt Feuchte auf, verteilt sie und trocknet sich selbst.

Viele traditionelle Baustoffe – Lehm, Ziegel, Kalkputz, Holz – funktionieren genau nach diesem Prinzip. Sie sind in der Lage, Feuchte zu speichern, zu transportieren und wieder abzugeben – ohne Schaden zu nehmen. Und genau das macht sie so wertvoll im Zusammenspiel mit modernen Heizsystemen, insbesondere mit Infrarotheizungen. Denn wenn die Wandoberfläche warm ist, unterstützt das den Austrocknungsprozess zusätzlich. Die Kapillarität wird nicht behindert – sondern gefördert.

Anders sieht es bei sogenannten dampfdichten Materialien aus. Dazu zählen z. B. viele kunststoffgebundene Farben, Dispersionsputze, versiegelte Tapeten oder Außendämmungen mit Polystyrol. Diese Materialien sind nicht kapillaraktiv – sie blockieren den Feuchtetransport.

Die Folge: Wasserdampf staut sich an der Grenzfläche. Dort sinkt die Temperatur, es kommt zur Kondensation – obwohl die Gesamtluftfeuchtigkeit vielleicht gar nicht auffällig ist. Die Feuchte bleibt lokal – und dort, wo sie bleibt, entsteht das Risiko.

Besonders problematisch sind Kombinationen: Eine gut gedämmte Außenwand mit dampfdichter Innenfarbe kann zur Falle werden. Die Wand ist nach außen hin isoliert, kann aber nach innen keine Feuchte mehr abgeben. Gleichzeitig arbeitet eine Konvektionsheizung, die die Luft erwärmt, aber nicht die Wand. Das Ergebnis: Eine kalte Oberfläche, eine feuchte Grenzschicht – und ideale Bedingungen für Schimmel. Wird stattdessen mit Infrarot geheizt, erwärmt sich die Wand. Wird zusätzlich eine kapillaraktive, diffusionsoffene Innenfarbe verwendet, kann die Wand atmen. Das Gleichgewicht stellt sich wieder her.

Die Materialwahl entscheidet also maßgeblich über das Feuchteverhalten des gesamten Raumes. Und sie entscheidet auch darüber, wie wirkungsvoll eine Heizstrategie umgesetzt werden kann. Mit den richtigen Baustoffen kann sogar auf eine mechanische Lüftung verzichtet werden – weil die Wand selbst zum Klimaregler wird. Voraussetzung ist, dass die Schichten zusammenpassen: von der Wand bis zur Oberfläche.

Ein oft unterschätzter Punkt ist dabei der Innenputz. Er ist die letzte Schicht vor dem Raum – und damit maßgeblich an der Oberflächentemperatur beteiligt. Putzsysteme mit hohem Gipsanteil sind zwar billig und leicht zu verarbeiten, haben aber oft schlechte kapillare Eigenschaften. Kalkputz oder Lehm hingegen können bis zu 50 % ihres Volumens mit Feuchte füllen, ohne Schaden zu nehmen – und geben sie ebenso schnell wieder ab. In Kombination mit Infrarotstrahlung entsteht so ein System, das aktiv mit dem Raumklima arbeitet – statt dagegen.

Auch moderne Bauplatten bieten heute Alternativen: Calciumsilikatplatten, z. B. als Innendämmung, vereinen Wärmedämmung mit Feuchtepufferung. Sie können kapillar aufgenommenes Wasser gleichmäßig abgeben – und Schimmel damit vorbeugen. Voraussetzung ist jedoch, dass sie nicht mit dampfdichten Farben oder Beschichtungen versiegelt werden. Denn sonst wird ihr Potenzial blockiert – und das gesamte System funktioniert nicht.

Die gute Nachricht ist:
Diese Erkenntnisse sind nicht neu – sie wurden nur vergessen. In der traditionellen Baukunst war es selbstverständlich, dass ein Haus atmen kann, dass Materialien Feuchtigkeit aufnehmen, dass ein Wandaufbau ausgewogen ist.

Heute müssen wir dieses Wissen neu anwenden – mit modernen Mitteln. Infrarotheizungen geben uns ein Werkzeug, um die Wand wieder als aktiven Teil des Raumklimas zu nutzen. Doch erst in Verbindung mit kapillaraktiven, diffusionsfähigen Materialien entsteht ein dauerhaft schimmelfreies, behagliches Raumgefühl.

Feuchtemanagement ist keine Technikfrage. Es ist eine Materialfrage. Wer ein Haus sanieren oder bauen will, sollte daher nicht nur auf Dämmwerte und Energiekennzahlen achten – sondern auf das, was dazwischen liegt: die Fähigkeit, mit Feuchte umzugehen. Denn ein trockenes Haus ist kein luftdichtes Haus – sondern ein klug gebautes.

Im nächsten Kapitel wenden wir uns daher der Kombination aus alten Prinzipien und neuer Technik zu – und wie sich daraus ein Heiz- und Raumklimasystem ergibt, das ohne Lüftungszwang, ohne Chemie, ohne Technikschranken funktioniert: effizient, ökologisch und menschlich.

Kapitel 11 – Zurück in die Zukunft

Wie traditionelle Bauprinzipien mit moderner Infrarottechnik kombiniert werden können

Nicht jede Innovation ist ein Fortschritt. Und nicht jeder Fortschritt ist neu. Viele der effektivsten Prinzipien des gesunden Bauens sind keine Erfindungen unserer Zeit – sie stammen aus Jahrhunderten praktischer Erfahrung. Alte Bauernhäuser, Stadthäuser oder Lehmhäuser, die noch heute trocken und wohngesund sind, zeigen: Es braucht keine Hightech, um ein gutes Raumklima zu schaffen – sondern ein Verständnis für die Naturgesetze, die im Gebäude wirken. Und genau dieses Wissen lässt sich heute mit modernen Mitteln neu aktivieren.

Im Zentrum steht dabei das Prinzip der Strahlungswärme. Es war schon immer Teil traditioneller Heizsysteme – sei es durch den Kachelofen, durch beheizte Wände oder durch den warmen Fußboden über einer Stube. Wärme wurde nicht durch Luft verteilt, sondern durch Masse – durch Wände, Flächen, Körper. Die Gebäude waren aus Materialien gebaut, die atmen, speichern und puffern konnten: Lehm, Ziegel, Kalk, Holz. Sie nahmen Feuchtigkeit auf, gaben sie wieder ab, blieben temperiert. Es gab keine Folien, keine Dichtbahnen, keine Styroporplatten. Und dennoch – oder gerade deshalb – war das Raumklima stabil.

Heute stehen wir vor der Herausforderung, solche Qualitäten in eine technisierte, normierte und energieeffizienzgetriebene Bauwelt zu integrieren. Und genau hier zeigt sich: Moderne Infrarotheizungen können ein Bindeglied zwischen Vergangenheit und Zukunft sein. Denn sie arbeiten nicht gegen die Wand – sondern mit ihr. Sie nutzen die Masse, statt sie zu umgehen. Sie erwärmen nicht die Luft – sondern die Fläche. Damit reaktivieren sie ein uraltes Prinzip auf zeitgemäße Weise.

Ein großer Vorteil dabei: Die Infrarotheizung braucht keine aufwändige Technik. Kein Rohrnetz, keinen Heizkessel, keine Wartungsverträge. Sie kann dezentral betrieben werden, schnell eingebaut werden, gestalterisch angepasst werden – und dabei genau die baulichen Voraussetzungen nutzen, die traditionelle Bauweisen bieten: starke Wände, offenporige Putzsysteme, natürliche Materialien. In vielen historischen Gebäuden ist die Nachrüstung mit konventioneller Heizungstechnik mit großem Eingriff verbunden. Infrarotpaneele lassen sich hingegen minimalinvasiv installieren – ohne Eingriff in die Bausubstanz, ohne Technikräume oder Kernbohrungen. Und dennoch verbessern sie das Raumklima messbar.

Gleichzeitig ergänzen sie sich hervorragend mit anderen baubiologischen Maßnahmen: diffusionsoffene Farben, kapillaraktive Dämmstoffe, außenliegender Wärmeschutz, funktionale Innenbeschichtungen.

All diese Elemente lassen sich so kombinieren, dass ein Haus nicht künstlich konditioniert werden muss, sondern sich selbst regulieren kann – im Winter wie im Sommer. Die Strahlungswärme der Infrarotpaneele unterstützt die Austrocknung von Bauteilen, aktiviert die Oberflächen, verhindert Kondensat – ganz ohne Luftumwälzung, ganz ohne Geräusch, ganz ohne Eingriff in die natürliche Balance.

Wer heute baut oder saniert, steht oft zwischen zwei Welten: der technischen Welt der Gebäudeautomation – und dem Wunsch nach einem natürlichen, gesunden Raumgefühl. Zwischen DIN-Normen, GEG-Vorgaben, Energiepässen und Lüftungsanlagen bleibt oft kaum Platz für Intuition, für Sinneseindruck, für Materialgefühl.

Infrarotheizungen bieten hier einen Weg, der beides vereint: Sie sind regelbar, steuerbar, messbar – und gleichzeitig fühlbar, ruhig, atmosphärisch. Sie eröffnen die Möglichkeit, Wärme nicht nur zu erzeugen, sondern zu erleben.

Besonders deutlich wird das in kleinen Projekten: bei der Sanierung eines alten Fachwerkhauses, beim Umbau eines Bauernhofs, bei der Renovierung einer Stadtwohnung mit Gewölbedecke. Überall dort, wo moderne Technik oft versagt oder unverhältnismäßig teuer wird, kann die Infrarotheizung als einfache, durchdachte Lösung glänzen. Kein Heizraum? Kein

Problem. Keine Zentralverrohrung möglich? Ebenfalls kein Hindernis. Nur Strom, ein paar Schrauben – und schon funktioniert das System.

Und auch ökologisch passt das zusammen. Alte Häuser hatten keine Lüftungsanlagen – aber sie hatten Putz, der atmete. Sie hatten Wände, die speicherten. Sie hatten Materialien, die mit der Umgebung reagierten. Heute können wir all das wiederhaben – ergänzt um moderne Technik, die sich dem Gebäude anpasst, nicht umgekehrt. Die Infrarotheizung ist nicht der Versuch, die Vergangenheit zu ersetzen – sondern sie ist die Fortsetzung eines Gedankens mit zeitgemäßen Mitteln.

Ein Gebäude, das mit Strahlung heizt, mit Materialien puffert, mit Wänden lebt, ist kein Relikt – es ist ein Modell für die Zukunft. Es braucht keine Hightech, keine fossile Energie, keine komplexen Systeme. Es braucht nur ein neues Verständnis – oder vielleicht ein altes, neu erinnert.

Im nächsten Kapitel ziehen wir ein Zwischenfazit: Was macht gesundes Wohnen heute wirklich aus? Und warum ist das Verständnis von Wärme, Feuchte und Material so entscheidend für das Leben in den eigenen vier Wänden?

Kapitel 12 – Gesund wohnen, gesund leben

Warum das Raumklima mehr beeinflusst als nur die Temperatur

Wärme ist nicht nur eine technische Größe. Sie ist ein Gefühl, eine Voraussetzung für Geborgenheit, für Konzentration, für Entspannung. Und sie ist eng verbunden mit etwas, das viele Menschen unterschätzen: dem Raumklima. Dabei geht es nicht nur um Temperatur und Luftfeuchte. Es geht um das Zusammenspiel aus Strahlung, Luftbewegung, Oberflächentemperatur, Materialreaktion und wahrnehmbarer Behaglichkeit. Und dieses Zusammenspiel beeinflusst unser Leben – Tag für Tag, Nacht für Nacht.

Studien zeigen, dass der Mensch bis zu 90 % seiner Zeit in Innenräumen verbringt. Das gilt für Kinder genauso wie für ältere Menschen, für Büroangestellte ebenso wie für Menschen im Homeoffice. Der Innenraum ist unser Habitat. Und deshalb ist sein Klima nicht nebensächlich – es ist elementar. Denn der menschliche Körper reagiert sensibel: auf trockene Luft, auf Zugluft, auf kühle Wände, auf instabile Temperaturen. Schlechte Raumluft schlägt sich nicht nur in der Nase nieder – sie wirkt auf den ganzen Organismus: Kreislauf, Haut, Atmung, Immunsystem.

Vor allem die Kombination aus kalten Oberflächen und hoher Luftfeuchte ist für viele Menschen belastend – oft ohne dass sie es wissen. Kopfschmerzen, Konzentrationsstörungen, Schlafprobleme, Atemwegsreizungen – all das kann die Folge eines unausgewogenen Raumklimas sein. Besonders problematisch wird es, wenn Schimmel im Spiel ist. Denn Schimmel wächst nicht nur sichtbar an Wänden – er gibt auch unsichtbare Sporen in die Luft ab. Diese Sporen können allergen, toxisch oder reizend wirken – und belasten vor allem Kinder, ältere Menschen oder Menschen mit Vorerkrankungen.

Dabei ist es gar nicht schwer, ein gesundes Raumklima zu schaffen – wenn man die Prinzipien kennt. Und das wichtigste lautet: Nicht die Luft muss warm sein, sondern der Raum. Genauer gesagt: die Hülle, die uns umgibt. Wenn die Wände, der Boden, die Decke angenehm temperiert sind, fühlt sich der Mensch wohl – auch bei etwas niedriger Lufttemperatur. Die Schleimhäute trocknen nicht aus, die Luftfeuchtigkeit bleibt im Gleichgewicht, die Gefahr von Kondensation sinkt. Genau hier liegt der Vorteil von Strahlungswärme – besonders in Kombination mit kapillaraktiven Materialien und diffusionsoffenen Oberflächen.

Das gesunde Raumklima ist mehr als nur „nicht schimmelig".

Es ist ein Zustand, in dem sich der Mensch entspannt, fokussiert und regeneriert. Und das hat nicht nur gesundheitliche Auswirkungen, sondern auch soziale. Wer sich in seinen vier Wänden wohlfühlt, ist leistungsfähiger, ausgeglichener, kreativer. Wer friert, sich unwohl fühlt oder ständig lüften muss, lebt im Stress – auch wenn er es nicht sofort merkt.

Gerade in einer Zeit, in der psychische Belastungen, Reizüberflutung und Umweltkrankheiten zunehmen, gewinnt das Wohnumfeld an Bedeutung. Das Zuhause wird zum Rückzugsort – oder zum Risikofaktor.

Die gute Nachricht: Es ist nicht notwendig, ein Haus neu zu bauen oder in teure Technik zu investieren. Schon kleine Maßnahmen – wie der Umstieg auf Infrarotheizung, das Streichen mit funktionalen Farben oder das Lüften nach Bedarf statt nach Uhrzeit – können eine große Wirkung haben.

Auch energetisch ist das sinnvoll.

Wer seine Räume behaglich beheizt, ohne sie zu überhitzen, spart Energie.

Wer Materialien verwendet, die Feuchtigkeit ausgleichen, braucht keine Entfeuchter.

Wer Schimmel vermeidet, muss keine Renovierungen bezahlen.

Und wer in ein gesundes Klima investiert, investiert in Lebensqualität.

Wohngesundheit ist kein Luxus – sie ist eine Notwendigkeit. Und sie beginnt nicht mit Lüftungsanlagen oder Sensoren, sondern mit dem Verständnis für die Grundlagen: für Wärme, Feuchte, Strahlung und Material. In den vorherigen Kapiteln haben wir gesehen, wie sich diese Elemente miteinander verbinden lassen – zu einem Haus, das atmet, das strahlt, das schützt. Ein Haus, das nicht krank macht – sondern gesund erhält.

Im nächsten Kapitel widmen wir uns der ökonomischen Seite: Wie viel kostet Schimmel eigentlich – und was spart man, wenn man es richtig macht? Wir rechnen nach, was Schimmel wirklich kostet – und was Infrarot plus kluge Materialien im Vergleich dazu leisten.

Kapitel 13 – Was kostet Schimmel?

Und was kostet es, ihn zu vermeiden?

Schimmel ist kein Schönheitsfehler. Er ist ein Sanierungsthema, ein Gesundheitsrisiko – und ein handfester Kostenfaktor.

Wer einmal betroffen war, weiß:

Es geht nicht nur um ein paar Stockflecken an der Tapete. Es geht um Wandaufbau, Luftqualität, Nutzungsausfall, Rechtsstreit und oft auch um verlorenes Vertrauen. Trotzdem wird das Risiko vielerorts unterschätzt – und das aus einem einfachen Grund: Die Folgekosten sind versteckt. Sie tauchen nicht direkt auf der Heizkostenabrechnung auf – aber sie treffen langfristig umso härter.

Beginnen wir mit den direkten Sanierungskosten. Wenn Schimmel entsteht, muss oft nicht nur gereinigt, sondern tiefgreifend saniert werden. Tapeten runter, Putz runter, Dämmung raus, Trocknung, Neuaufbau – das kostet.

Ein einfacher, lokal begrenzter Befall kann schnell 1.000 bis 3.000 Euro verursachen. Bei großflächigen Schäden – etwa nach unentdecktem Kondensatbefall hinter Möbeln – sind 10.000 Euro und mehr keine Seltenheit. Und das sind nur die handwerklichen Kosten.

Hinzu kommen indirekte Verluste:

Mietminderung durch betroffene Mieter, Leerstand während der Sanierung, Abwertung der Immobilie. Für Vermieter und Wohnungsverwaltungen können sich durch regelmäßigen Schimmelbefall Jahr für Jahr fünfstellige Summen anhäufen – ganz zu schweigen von Imageschäden oder Rechtskosten bei gerichtlichen Auseinandersetzungen.

Doch auch auf persönlicher Ebene wirkt Schimmel teuer:

durch Gesundheitsfolgen. Allergien, Atemwegserkrankungen, chronische Reizungen oder Pilzinfektionen sind vielfach dokumentierte Folgen von Schimmelbelastung. Wer regelmäßig belastete Raumluft einatmet, riskiert dauerhafte Beschwerden – die oft lange nicht mit dem Wohnumfeld in Verbindung gebracht werden. Arztkosten, Medikamente, Krankschreibungen, Verdienstausfall – das alles summiert sich. Und der seelische Druck durch „nicht erklärliche Beschwerden" ist dabei noch gar nicht eingerechnet.

Dem gegenüber steht die Frage:

Was kostet es, Schimmel von Anfang an zu vermeiden?

Und hier zeigt sich ein überraschendes Bild. Die Investitionen in baubiologisch sinnvolle Präventionsmaßnahmen sind überschaubar – besonders im Verhältnis zu den Folgekosten.

Ein Beispiel: Die Installation einer hochwertigen Infrarotheizung in einem 15 m² großen Schlafzimmer kostet inklusive Steuerung und Montage etwa 1.200 bis 1.500 Euro. Eine funktionale, wärmereflektierende Innenbeschichtung liegt – je nach Fläche – bei 250 bis 400 Euro. Ein einmaliger Aufwand, der Jahrzehnte hält. Keine Wartung, keine Reparatur, keine Betriebsunterbrechung.

Der Energieverbrauch dieser IR-Heizung beträgt – bei sparsamer Nutzung und ausreichender Dämmung – im Jahr etwa 300 bis 500 kWh, also ca. 100 bis 150 Euro an Stromkosten pro Jahr. Damit wird nicht nur wohlige Wärme erzeugt, sondern auch die Wandoberfläche dauerhaft oberhalb der kritischen Feuchtgrenze gehalten. Schimmel hat keine Chance – nicht einmal an Ecken, hinter Schränken oder in Laibungen.

Ein weiterer Vergleich: Der einmalige Anstrich eines Raumes mit funktionaler Innenfarbe kostet weniger als eine professionelle Schimmelsanierung. Gleichzeitig verbessert er die Wandtemperatur, reduziert Kondensatrisiko und erhöht den Wohnkomfort.

Und: Die Wirkung bleibt über Jahre erhalten – ohne Chemie, ohne Nebenwirkungen.

Auch bei Altbauten rechnet sich der Umstieg:

Statt 15.000 Euro für eine unsachgemäße Innendämmung mit Folgeproblemen zu investieren, kann eine Kombination aus Infrarotpaneelen, kapillaraktiver Wandfarbe und gezieltem Feuchtemanagement zu gleichen oder niedrigeren Kosten realisiert werden – mit deutlich weniger Risiko und mehr Wohnqualität.

Natürlich sind diese Maßnahmen kein Garant für völlige Immunität gegen Feuchte – bauliche Mängel, Leckagen oder falsches Lüften können weiterhin Probleme verursachen. Doch das Risiko sinkt deutlich – und das Kosten-Nutzen-Verhältnis ist bei kaum einer baulichen Maßnahme so günstig wie bei präventivem Feuchteschutz durch Strahlungswärme und intelligente Oberflächentechnik.

Ein letzter Aspekt darf nicht vergessen werden: Der Wert der Immobilie. Ein Haus, das schimmelfrei ist, dessen Heizsystem wartungsfrei und langlebig ist, dessen Oberflächen atmungsaktiv und ökologisch beschichtet sind – so ein Haus bleibt wertstabil. Es lässt sich leichter vermieten, besser verkaufen und verursacht weniger laufende Kosten.

Es ist kein „Technikhaus" mit Wartungsverträgen – sondern ein „Wohlfühlhaus" mit gesunder Substanz.

Fazit: Schimmel kostet – viel. Prävention kostet – einmal.

Wer die langfristige Rechnung macht, erkennt: Infrarot plus Bauverstand spart Geld, Nerven und Krankheit. Und es schafft ein Zuhause, in dem man nicht gegen die Natur anheizt – sondern mit ihr lebt.

Im nächsten Kapitel fragen wir: Warum hat sich das alles noch nicht durchgesetzt? Warum wird immer noch falsch geheizt, falsch gedämmt, falsch beraten? Und was muss sich ändern – in Baukultur, Normung und Praxis?

Kapitel 14 – Warum wird trotzdem falsch gebaut?

Ein kritischer Blick auf Baukultur, Irrtümer und überkommene Heizkonzepte

Die Fakten sind klar. Die Technik ist verfügbar. Die Vorteile sind belegbar. Und doch wird auch im Jahr 2025 weiterhin falsch geplant, falsch gedämmt, falsch beheizt. Wohnungen mit Schimmel, schlecht temperierte Räume, luftdichte Gebäude mit Lüftungszwang – das alles ist Alltag. Warum?

Der Grund liegt nicht in der Technik, sondern in der Baukultur. Oder besser: in deren Verlust.

In den letzten Jahrzehnten wurde das Bauen zunehmend technisiert, normiert und von softwaregesteuerten Energiebilanzen dominiert. Der Blick aufs Wesentliche – auf das Verhalten von Wärme, Feuchte und Material – ging verloren. Was zählt, sind Zahlen, Normen, Effizienzklassen. Doch ein Haus ist mehr als eine Rechenaufgabe. Es ist ein physikalischer und sozialer Lebensraum. Und dieser lässt sich nicht mit Rechenschieber und DIN-Matrix allein beherrschen.

Eines der größten Missverständnisse ist die Vorstellung, Dämmung sei der Schlüssel zu allem. Wer dämmt, spart – so die einfache Formel. Doch das ist nur dann richtig, wenn die Dampfdiffusion, die Kapillarität und die Temperierung der Innenflächen mitgedacht werden.

Eine dämmstoffverpackte Außenwand, die innen mit Dispersionsfarbe versiegelt wird, kann energetisch vorbildlich sein – und dennoch in den Ecken schimmeln. Warum? Weil der natürliche Feuchtestrom unterbunden wurde – und weil mit Konvektion geheizt wird, anstatt mit Strahlung.

Ein weiterer Irrtum betrifft die Heiztechnik selbst.

Noch immer gilt die wassergeführte Zentralheizung als „Goldstandard" – mit Wärmepumpe, Puffer, Hydraulik und Fußbodenheizung. Und ja, in vielen Fällen ist sie sinnvoll – etwa im Neubau mit homogener Gebäudestruktur. Doch in Bestandsbauten, in Altbauwohnungen, in kleinen Einheiten oder bei wechselnder Nutzung ist sie oft überdimensioniert, träge und teuer. Und dennoch wird sie weiterhin als Standardlösung empfohlen – nicht weil sie passt, sondern weil sie bekannt ist.

Auch auf Beraterseite herrscht oft Unsicherheit. Viele Energieberater und Architekten haben in ihrer Ausbildung nie gelernt, wie Strahlungswärme wirklich funktioniert. In den gängigen Berechnungsprogrammen wird sie nicht abgebildet. Das führt dazu, dass Infrarotheizungen nicht in die Energieausweise eingehen

– obwohl sie in der Praxis effizient und raumklimatisch überlegen sind.

Die Norm hinkt der Realität hinterher.

Ein weiteres Problem ist das Denken in Komponenten statt in Systemen. Es wird eine Heizung geplant – ohne auf das Putzsystem zu achten. Eine Dämmung wird ausgeführt – ohne Rücksicht auf Raumklima. Eine Lüftung wird installiert – ohne Bezug zur Nutzung. Dabei wirken all diese Elemente zusammen. Nur wenn Heizung, Wandaufbau, Beschichtung und Nutzerverhalten aufeinander abgestimmt sind, entsteht ein dauerhaft funktionierendes System.

Dass dennoch so gebaut wird, hat auch mit wirtschaftlichen Interessen zu tun. Hersteller verkaufen, was standardisiert ist. Handwerker bauen, was sie kennen. Behörden genehmigen, was normgerecht ist. Und der Nutzer bleibt außen vor – oder wird durch Hochglanzbroschüren beruhigt. Der Preis dafür ist ein Wohnbestand, der technisch optimiert – aber baubiologisch mangelhaft ist.

Doch es gibt Hoffnung. Immer mehr Bauherren, Planer und Nutzer erkennen: Weniger Technik, mehr Physik.

Sie setzen auf Strahlung statt Konvektion, auf kapillaraktive Materialien statt Dichtbahnen, auf intelligente Kombination statt pauschaler Dämmung.

Sie lassen sich beraten – nicht nur energetisch, sondern raumklimatisch.

Und sie erleben: Ein Haus kann atmen, heizen, regulieren – ganz ohne Hightech.

Nur durch das richtige Zusammenspiel der Kräfte.

Falsch gebaut wird nicht, weil es keine Alternativen gäbe. Falsch gebaut wird, weil man nicht anders denkt. Dieses Buch möchte genau das ändern – mit Argumenten, mit Wissen, mit Beispielen. Denn wer versteht, was im Raum wirklich passiert, wird nie wieder nur nach Thermostatwerten und Dämmstärken fragen. Sondern nach Wärmefluss, Feuchteverhalten und Oberflächentemperatur.

Im letzten Kapitel ziehen wir Bilanz. Was bleibt? Was ist der Weg in die Zukunft – für unser Wohnen, unsere Gebäude, unsere Gesundheit?

Kapitel 15 – Was bleibt

Gesund wohnen als neues Bauen

Am Anfang stand eine einfache Beobachtung:

Schimmel entsteht dort, wo kalte Oberflächen auf feuchte Raumluft treffen.

Am Ende dieses Buches steht eine klare Erkenntnis:

Diese Beobachtung ist kein Detail – sie ist der Schlüssel.

Denn wer verstanden hat, wie Wärme, Feuchte und Material zusammenwirken, der baut, saniert und wohnt anders.

Gesundes Wohnen beginnt nicht bei der Technik – sondern beim Verständnis für das Haus als Organismus. Ein Gebäude ist keine Maschine, sondern ein Raumgefüge, in dem Temperatur, Feuchtigkeit, Luft und Oberfläche miteinander kommunizieren. Wenn dieses Zusammenspiel gestört wird – durch luftdichte Schichten, durch falsch positionierte Heizquellen, durch ungeeignete Materialien – entstehen Probleme.

Nicht sofort. Aber unausweichlich.

Infrarotheizungen, kapillaraktive Farben, atmungsaktive Putze – das sind keine „neuen Wunderlösungen". Es sind zeitlose Prinzipien, modern interpretiert.

Sie folgen der Logik des Körpers: nicht die Luft soll warm sein, sondern die Umgebung. Nicht Feuchtigkeit soll weggesperrt, sondern verteilt und abgeführt werden. Nicht Technik soll das Klima machen, sondern das Material selbst.

Was bleibt also?

- Die Erkenntnis, dass Strahlungswärme nicht nur heizt – sondern schützt.

- Dass Oberflächentemperatur wichtiger ist als Thermostatwerte.

- Dass gute Materialien mitarbeiten – nicht blockieren.

- Dass Schimmel kein Schicksal ist – sondern fast immer Folge von Baufehlern.

- Und dass Wärme kein Produkt ist – sondern ein Zustand, der entsteht, wenn die Bauteile zusammenwirken.

Wir leben in einer Zeit, in der die Technik immer komplexer wird – aber der Mensch sucht nach Einfachheit.

Ein Heizsystem, das ohne Pumpen, ohne Ventile, ohne Brenner auskommt, das Wärme spürbar, sichtbar und gesund macht, ist mehr als eine Alternative.

Es ist ein Fortschritt durch Rückbesinnung.

Zurück zur Strahlung. Zurück zur kapillaren Wand.
Zurück zum Verständnis für Räume, die mit dem
Menschen arbeiten – nicht gegen ihn.

Der Weg in die Zukunft des Bauens liegt nicht in immer
neuen Vorschriften – sondern in der Freiheit, aus
Prinzipien zu gestalten. Dieses Buch soll Mut machen:
zum Umdenken, zum Neudenken – und zum Handeln.

Wer einmal gespürt hat, wie sich ein Raum anfühlt,
dessen Wände nicht kalt, sondern warm sind, dessen Luft
nicht trocken, sondern klar, dessen Wärme nicht
geblasen, sondern gestrahlt ist – der wird nicht mehr
zurück wollen.

Gesundes Wohnen ist kein Luxus.

Es ist ein Menschenrecht – und ein Handwerk.
Und beides beginnt mit Wissen.

Du hast es jetzt in der Hand.

Nachwort

Wärme verstehen, gesund wohnen

Dieses Buch sollte kein technisches Handbuch sein – sondern ein Wegweiser. Ein Kompass für Menschen, die nicht länger akzeptieren wollen, dass ihre Heizung die Luft erwärmt, aber die Wand kalt lässt. Für Menschen, die wissen wollen, warum Schimmel nicht einfach Pech ist, sondern oft das Ergebnis eines Missverständnisses zwischen Bauphysik und Technik. Und für alle, die erkannt haben, dass gesundes Wohnen mehr bedeutet als warme Luft – nämlich trockene, warme Oberflächen und ein stabiles, atmendes Raumklima.

Wir haben gesehen, dass Schimmel nicht entsteht, weil zu wenig gelüftet oder zu wenig geheizt wurde – sondern weil zu falsch geheizt wurde. Wir haben verstanden, dass Strahlungswärme nicht nur behaglich ist, sondern auch bauphysikalisch sinnvoll. Und dass Materialien wie Lehm, Kalk, Silikat oder kapillaraktive Farben nicht altmodisch sind – sondern klüger als manch moderne Dichtschicht. Dass wir keine Lüftungsanlagen brauchen, wenn die Wand selbst atmen darf. Und dass moderne Infrarotheizungen die Brücke schlagen zwischen altem Wissen und neuer Technik.

Dieses Buch hat keinen Anspruch auf Dogma. Es will keine Technik verteufeln und keine Lösung verabsolutieren. Aber es möchte den Blick öffnen – für das, was wirklich zählt: der Zusammenhang zwischen Mensch, Raum, Wärme und Feuchte. Es geht nicht um Heizsysteme. Es geht um Lebensqualität.

Wenn auch nur ein Leser nach dem Lesen den Heizkörper mit anderen Augen sieht, die Wand hinter dem Schrank prüft oder sich fragt, warum er sich in manchen Räumen wohler fühlt als in anderen – dann hat dieses Buch sein Ziel erreicht.

Denn wer einmal verstanden hat, wie Wärme wirkt und wie Feuchtigkeit fließt, wird anders bauen, anders wohnen – und besser leben.

Gesundes Wohnen beginnt mit Wissen. Und es endet mit der Entscheidung: für Strahlung statt Luft, für Offenheit statt Dichtung, für Qualität statt Konvention.

Danke, dass du diesen Weg mit mir gegangen bist.

Manfred Girth[®]

Kontakt

Manfred Girth®

freiberuflicher Sachverständiger
freiberuflicher Baubegleiter
Dachdeckermeister
Thermograf, ausgebildet nach ISO 18436, Level 1

Breiter Weg 213a
39104 Magdeburg

E-Mail: an@manfred-girth.de

Web: www.schimmelpilzgutachter.info
               www.ThermoSolutions.info

Impressum / Copyright-Seite

Buch-Titel:

Günstiger Bauen und behaglich Wohnen – ohne Schimmel
Wie Wärme, Wand und Wissen dein Zuhause schimmelfrei,
behaglich und gesund machen

Autor:

Manfred Girth
Breiter Weg 213a
39104 Magdeburg
Deutschland
www.thermosolutions.info

Satz & Layout:

in Eigenregie mit Unterstützung durch KI-Assistenz (ChatGPT,
OpenAI)

Bildmaterial:

Eigene Aufnahmen und KI-generierte Illustrationen unter
Einhaltung geltender Nutzungsbedingungen (OpenAI DALL·E).
Keine Marken- oder Produktkennzeichen dargestellt.

ISBN: 978-3-8192-6566-2

Verlag:

BoD · Books on Demand GmbH, Überseering 33,
22297 Hamburg, bod@bod.de

Druck:

Libri Plureos GmbH, Friedensallee 273, 22763 Hamburg